图 1-120

图 1-13

图 2-20

图 2-42

图 2-53

图 2-59

图 2-83

图 2-86

图 2-96

图 2-105

图 2-116

图 3-29

图 3-53

图 3-124

图 3-126

图 4-2

图 4-75

图 4-98

图 4-99

图 4-110

图 5-21

图 5-22

图 5-55

图 5-59

图 5-60

图 6-2

图 6-30

图 6-39

图 6-40

图 6-44

图 6-53

图 6-54

图 7-27

图 7-41

图 7-42

图 7-62

图 7-65

图 7-77

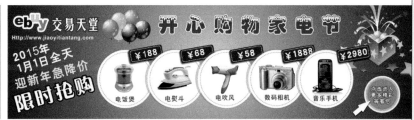

图 7-78

图 7-79

图 8-2

图 8-91

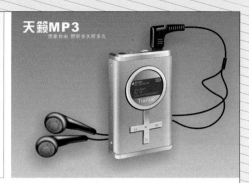

图 8-105　　　　　　　　图 8-126　　　　　　　　图 9-1

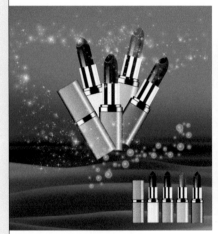
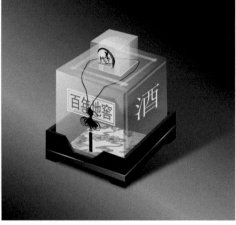

图 9-78　　　　　　　　图 9-105　　　　　　　　图 9-114

图 9-115　　　　　　　　图 10-35　　　　　　　　图 10-36

图 10-53　　　　　　　　图 10-58　　　　　　　　图 10-81

工业和信息化
人才培养规划教材
Industry And Information
Technology Training
Planning Materials

职 业 教 育 系 列

计算机图形制作
CorelDRAW X6
项目教程

Computer Graphics Production
CorelDRAW X6 Project Tutorial

卢杰 ◎ 主编

人民邮电出版社
北 京

图书在版编目（ＣＩＰ）数据

计算机图形制作CorelDRAW X6项目教程 / 卢杰主编
. -- 北京 ：人民邮电出版社，2016.1
工业和信息化人才培养规划教材. 职业教育系列
ISBN 978-7-115-39447-7

Ⅰ. ①计… Ⅱ. ①卢… Ⅲ. ①图形软件－高等职业教
育－教材 Ⅳ. ①TP391.41

中国版本图书馆CIP数据核字(2015)第125784号

内 容 提 要

本书以介绍实际工作中常见的平面设计作品的设计方法为主线，重点介绍利用 CorelDRAW X6
进行平面设计的基本方法。全书共有 10 个项目，包括卡通图标绘制与标志设计、CIS 企业应用系统
设计、家纺设计、插画及电子贺卡设计、店面装潢设计、报纸广告设计、网络视觉元素设计、包装
设计、产品造型设计和户外媒体广告设计。各项目都以任务制作指导为主，每个任务都有详尽的操
作步骤。每个项目中除讲解典型案例外，还提供了多个让读者自己动手操作的实训和练习题，以巩
固所学的技能。

本书可作为职业院校“计算机平面设计”课程的教材，也可供各类平面设计专业人员以及计算
机美术爱好者学习参考。

◆ 主　　编　卢　杰
　　责任编辑　王　平
　　责任印制　杨林杰
◆ 人民邮电出版社出版发行　　北京市丰台区成寿寺路 11 号
　　邮编　100164　　电子邮件　315@ptpress.com.cn
　　网址　http://www.ptpress.com.cn
　　北京天宇星印刷厂印刷
◆ 开本：787×1092　1/16
　　印张：15　　　　　　　　2016 年 1 月第 1 版
　　字数：356 千字　　　　　2025 年 1 月北京第 13 次印刷

定价：36.00 元

读者服务热线：(010)81055256　印装质量热线：(010)81055316
反盗版热线：(010)81055315

前　言

本书根据教育部最新教学大纲要求编写，邀请行业、企业专家和一线课程负责人一起，从人才培养目标、专业方案等方面做好顶层设计，明确专业课程标准，强化专业技能培养，安排教材内容；根据岗位技能要求，引入了企业真实案例，重点建设了课程配套资源库，提高职业院校专业技能课的教学质量。

目前平面设计相关产业正迅速发展，职业院校的平面设计类教学工作也应该根据社会不同领域的业务需要开拓新的思路。目前职业院校计算机课程的教学存在的主要问题是传统的教学内容与方法无法适应现代艺术设计产业的实际需要。本书的编写，就是要尝试打破原来的学科知识体系，按现代艺术设计企业的业务范围来构建技能培训体系，即"任务→设计步骤图解→设计思路→步骤解析→项目实训"，使学生的技能与企业的需求达到一致。

教学方法

本书是依据不同设计行业职业技能鉴定规范，并根据社会中相关设计公司的实际业务范围而编写的。本书的内容主要包括卡通图标绘制与标志设计、CIS企业应用系统设计、家纺设计、插画及电子贺卡设计、店面装潢设计、报纸广告设计、网络视觉元素设计、包装设计、产品造型设计和户外媒体广告设计等。通过本课程的学习，学生将具备进入广告设计公司、图书出版公司、影视文化传播公司、新闻传媒公司、网络公司、包装设计公司、展览与展示设计公司等企业工作的基本工作技能，胜任计算机图形图像处理领域的设计任务。

本书既强调基础工具和命令的训练，又力求体现新知识、新创意、新理念，教学内容与国家职业技能鉴定规范相结合；在编写体例上采用新的形式，文字表述简洁，并加入了大量设计流程示意图，直观明了，便于读者学习。本书注重理论和实践的结合，对相关知识点设置了"说明"小栏目，并通过配套的技能训练项目来加强学生技能的培养。老师可登录人民邮电出版社教学服务与资源网（www.ptpedu.com.cn）下载资源。

教学内容

本课程的教学时数为72学时，各项目的参考学时见以下的课时分配表。

项目	课 程 内 容	课 时 分 配	
		讲授	实践训练
项目一	卡通图标绘制与标志设计	3	3
项目二	CIS企业应用系统设计	3	3
项目三	家纺设计	3	3
项目四	插画及电子贺卡设计	3	3
项目五	店面装潢设计	3	3
项目六	报纸广告设计	3	3
项目七	网络视觉元素设计	4	5
项目八	包装设计	4	5
项目九	产品造型设计	4	5
项目十	户外媒体广告设计	4	5
课 时 总 计		34	38

本书由卢杰主编。参加编写的还有沈精虎、黄业清、宋一兵、谭雪松、向先波、冯辉、计晓明、滕玲、董彩霞、管振起等。

由于作者水平有限，书中难免存在疏漏之处，敬请广大读者指正。

编者

2015 年 2 月

目　录　CONTENTS

PART 1

项目一
卡通图标绘制与标志设计

本项目首先来绘制一个卡通小图标，然后来设计一个企业标志。标志是平面设计中不可缺少的主要内容，它是企业的符号，如同国徽代表国家一样，因此任何有关平面设计的工作都离不开标志的设计与应用；卡通小图标在平面设计中的应用范围也非常广泛，它以趣味性和幽默性的图形或符号来传达某种形象的寓意。

绘制的卡通图标及设计完成的企业标志如图 1-1 所示。

图1-1　绘制完成的卡通图标及标志

知识技能目标

- 了解 CorelDRAW X6 的应用领域
- 熟悉绘图工具及【选择】工具的应用
- 了解图形相加、相减运算
- 掌握图形的填充色和轮廓色的填色方法
- 掌握原位置复制图形及移动复制图形的操作
- 熟悉标志的设计过程
- 了解利用【图纸】工具绘制坐标图，以此来制
- 作标准尺寸图形的方法
- 熟悉【钢笔】工具和【形状】工具的使用方法
- 掌握企业标准字的制作方法
- 了解线形粗细的设置方法

任务一　案例赏析及相关约定

（一）　案例赏析

下面是利用 CorelDRAW X6 绘制的一些案例作品，请读者欣赏，以便提高对此软件的理解和学习兴趣。

（1）　标志设计，如图 1-2 所示。

图1-2　设计的标志

（2）　卡通画绘制，如图 1-3 所示。

图1-3　绘制的卡通画

（3）　漫画绘制，如图 1-4 所示。

图1-4　绘制的漫画

（4）企业形象 CIS 设计，如图 1-5 所示。

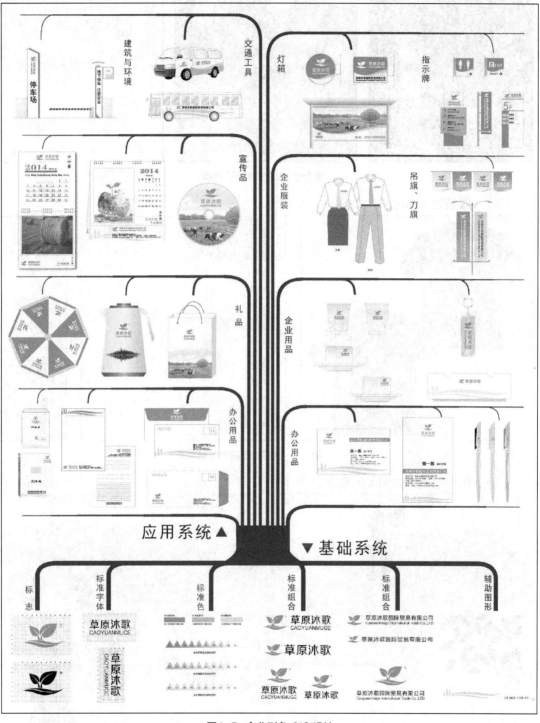

图1-5　企业形象 CIS 设计

（5） 纺织品图案绘制，如图 1-6 所示。

图1-6　绘制的纺织品图案

（6） 服装效果图绘制，如图 1-7 所示。

图1-7　绘制的服装效果图

（7） 插画绘制，如图 1-8 所示。

图1-8　绘制的插画效果

（8）　网络广告设计及网站制作，如图1-9所示。

图1-9　设计的网络广告及网站画面

（9）　产品造型设计，如图1-10所示。

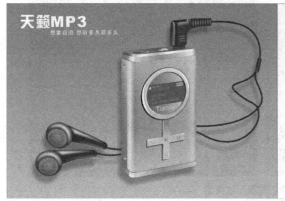

图1-10　设计的产品造型

（10）　建筑平面图及空间布置图绘制，如图1-11所示。

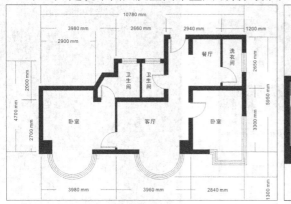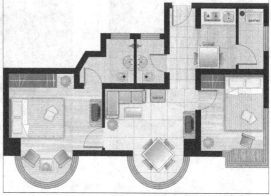

图1-11　绘制的建筑平面图及空间布置图

（11）室内效果图绘制，如图 1-12 所示。

图1-12　绘制的室内效果图

（12）展示效果图绘制，如图 1-13 所示。

图1-13　绘制的展示效果图

（13）包装设计，如图 1-14 所示。

图1-14　设计的包装

（14）平面广告设计，如图1-15所示。

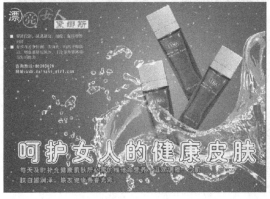

图1-15 设计的平面广告

（二） 相关约定

屏幕上的鼠标光标表示鼠标所处的位置，当移动鼠标时，屏幕上的鼠标光标就会随之移动。通常情况下，鼠标光标的形状是一个左指向的箭头。在某些特殊操作状态下，鼠标光标的形状会发生变化。CorelDRAW X6中鼠标有6种基本操作，为了叙述上的方便，约定如下。

● 移动：在不按鼠标键的情况下移动鼠标，将鼠标光标指到某一位置。

● 单击：快速按下并释放鼠标左键。单击可用来选择屏幕上的对象。除非特别说明，以后所出现的单击都是指单击鼠标左键。

● 双击：快速连续单击鼠标左键两次。双击通常用来打开对象。除非特别说明，以后所出现的双击都是指双击鼠标左键。

● 拖曳：按住鼠标左键不放，并移动鼠标光标到一个新位置，然后松开鼠标左键。拖曳操作可用来选择、移动、复制和绘制图形。除非特别说明，以后所出现的拖曳都是指按住鼠标左键移动鼠标。

- 右击：快速按下并释放鼠标右键。这个操作通常用来弹出一个快捷菜单。
- 拖曳并右击：按住鼠标左键不放，移动鼠标到一个新位置，然后在不松开鼠标左键的情况下单击鼠标右键。

任务二　绘制卡通小图标

本节通过绘制一个卡通图标来介绍基本绘图工具的应用。

【步骤图解】

卡通图标的绘制过程示意图如图 1-16 所示。

①利用【椭圆形】工具绘制卡通外形，然后制作高光效果　　②绘制图标的眼睛和嘴巴　　③添加投影，即可完成卡通图标的绘制

图1-16　卡通图标的绘制过程示意图

【设计思路】

首先利用【椭圆形】工具 绘制图形，并利用【透明度】工具 制作高光效果，然后结合旋转、复制、缩放和修剪等操作绘制出卡通的眼睛和嘴巴，最后添加投影效果，即可完成卡通图标的绘制。

【步骤解析】

STEP 1　执行【文件】/【新建】命令（快捷键为 Ctrl+N 组合键），新建一个图形文件。

STEP 2　选择 工具，按住 Ctrl 键，在页面可打印区中拖曳，绘制出如图 1-17 所示的圆形。

STEP 3　将鼠标光标移动到调色板如图 1-18 所示的色块上单击，为圆形填充深黄色，然后将鼠标光标移动到调色板中的"⊠"图块上单击鼠标右键，将图形的外轮廓线去除，此时的圆形如图 1-19 所示。

图1-17　绘制的圆形　　　　图1-18　鼠标光标单击的色块　　　　图1-19　填充颜色后的图形

【知识链接】

在【调色板】中单击任意一种颜色色块，可以将其设置为所选图形的填充色；在任意颜

色色块上单击鼠标右键，可以将其设置为所选图形的轮廓色；在顶部的⊠按钮上单击，可以删除所选图形的填充色；在⊠按钮上单击鼠标右键，可以删除所选图形的轮廓色。

STEP 4 继续利用 ◯ 工具绘制出如图 1-20 所示的椭圆形。

STEP 5 选择 ▷ 工具，将鼠标光标移动到圆形的左上方位置，按下鼠标左键并向右下方拖曳，状态如图 1-21 所示，将两个图形同时选择。

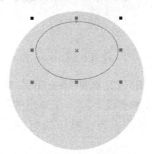

图1-20　绘制的椭圆形

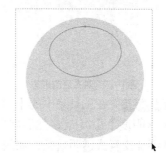

图1-21　框选图形形态

【知识链接】

利用【挑选】工具选择图形有两种方法：一种是在要选择的图形上单击，另一种是框选要选择的图形。用单击的方法选择图形，单击一次只能选择一个图形，这种方法适合选择指定的单一图形；用框选的方法选择图形，一次可以选择多个图形，这种方法适合选择相互靠近的多个图形。

知识提示　用框选的方法，拖曳出的蓝色虚线框必须要将需要选择的图形全部包围，没包围的图形将不被选择。

【挑选】工具结合键盘上的辅助键，还具有以下几种选择方式。

● 按住 Shift 键单击其他图形，是添加选取图形；按住 Shift 键单击已选取的图形，则是取消选取。

● 按住 Alt 键拖曳鼠标光标，拖曳出的蓝色虚线框所接触的图形都会被选择。

● 当许多图形重叠在一起时，按住 Alt 键，依次单击鼠标左键，可以由上至下依次选择图形。

● 按 Ctrl+A 组合键或双击 ▷ 工具，可以将绘图窗口中所有的图形同时选取。

● 按 Tab 键，可以选取绘图窗口中最后绘制的图形。如果继续按 Tab 键，则可以按照绘制图形的顺序，从后向前选择绘制的图形。

STEP 6 单击属性栏中的 ⊟ 按钮，在弹出的【对齐与分布】泊坞窗中，单击 ⊞ 按钮，将选择的两个图形在水平方向上以垂直轴对齐，如图 1-22 所示。

知识提示　单击 ⊟ 按钮或执行【排列】/【对齐和分布】菜单下的子命令，可以精确地将所选择的图形按指定的方式对齐和分布。其中【对齐】属性可以使选择的图形在水平方向、垂直方向以及中心位置等对齐。【分布】属性可以使选择的图形在指定的方向按照一定的间距分布。

STEP 7 利用 ▷ 工具单击上方的椭圆形，将其选择，然后将鼠标光标移动到【调色板】中的"白"色块上单击，为其填充白色，再将鼠标光标移动到调色板中的"⊠"图块上单击鼠标右键，将图形的外轮廓线去除，如图 1-23 所示。

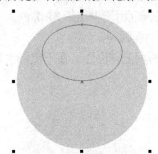

图1-22 对齐后的形态

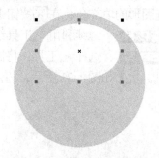

图1-23 椭圆形填充后的效果

STEP 8 在工具箱中的【调和】按钮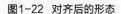上按下鼠标左键不放，在弹出的隐藏工具组中选择【透明度】工具，然后将鼠标光标移动到椭圆形的上方，按下鼠标左键并向下拖曳，为其添加交互式透明效果，如图 1-24 所示。

知识提示
【透明度】工具的主要功能是为选择的图形、文字或位图图像添加透明效果。

STEP 9 选择工具，在添加交互式透明后的椭圆形上再绘制出如图 1-25 所示的倾斜椭圆形。

图1-24 添加的交互式透明效果

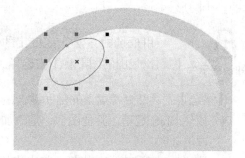

图1-25 绘制的椭圆形

STEP 10 为绘制的倾斜椭圆形填充白色，并去除外轮廓，然后单击按钮，并为其添加如图 1-26 所示的交互式透明效果。

STEP 11 继续利用工具，绘制出如图 1-27 所示的椭圆形。

图1-26 添加的交互式透明效果

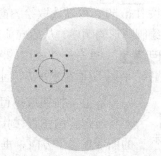

图1-27 绘制的椭圆形

STEP 12 将鼠标光标移动到椭圆形的中心位置，当鼠标光标显示为移动符号时，按住 Shift 键，同时按下鼠标左键并向下拖曳，将图形垂直向下移动，状态如图 1-28 所示。

STEP 13 移动至合适位置后，在不释放鼠标左键的情况下单击鼠标右键，移动复制出一个椭圆形，如图 1-29 所示。

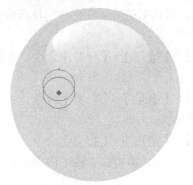

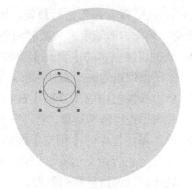

图1-28 移动图形时的状态　　　　图1-29 移动复制出的椭圆形

知识提示　　复制图形操作，除了此处讲解的"移动复制"外，还有"旋转复制"和"镜像复制"，这些操作将在下面的操作步骤中出现，希望读者注意。

STEP 14 将鼠标光标放置到选择图形右侧中间的控制点上，当鼠标光标显示为 ↔ 形状时按下鼠标左键，然后按住 Shift 键，并向右拖曳，将图形以中心点在水平方向上对称缩放，状态如图 1-30 所示。

【知识链接】

利用 工具调整图形大小（缩放图形）的方法，主要有以下几种。

● 选择要缩放的图形，然后将鼠标光标放置在图形四边中间的控制点上，当鼠标光标显示为 ↔ 或 ↕ 形状时，按下鼠标左键并拖曳，可将图形在水平或垂直方向上缩放。

● 将鼠标光标放置在图形四角位置的控制点上，当鼠标光标显示为 ↖ 或 ↗ 形状时，按下鼠标左键并拖曳，可将图形等比例放大或缩小。如按住 Alt 键拖曳鼠标光标，可将图形进行自由缩放。

● 在缩放图形时，按住 Shift 键拖曳鼠标光标，可将图形分别在 x、y 或 xy 方向上对称缩放。

STEP 15 缩放至合适形状后释放鼠标，然后选择 工具，并按住 Shift 键，单击上方的椭圆形，将两个图形同时选择，状态如图 1-31 所示。

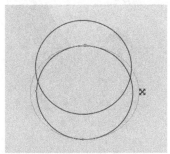

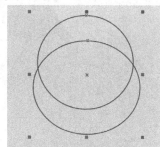

图1-30 缩放图形状态　　　　图1-31 选择的图形

STEP 16 单击属性栏中的 按钮，用复制出的图形对原图形进行修剪，效果如图 1-32 所示。

【知识链接】

利用【挑选】工具同时选择两个或两个以上的图形时，即可利用属性栏中的修整按钮 对图形进行修整。单击相应的按钮，可以对选择的图形分别执行合并、修剪、相交、简化、前减后、后减前和创建边界操作。

● 单击属性栏中的【合并】按钮或执行【排列】/【造形】/【合并】命令，可将选择的图形焊接为一个整体图形。

● 单击属性栏中的【修剪】按钮或执行【排列】/【造形】/【修剪】命令，可对选择的图形进行修剪运算，产生一个相减后的图形形状。

● 单击属性栏中的【相交】按钮或执行【排列】/【造形】/【相交】命令，可对选择的图形进行相交运算，产生一个相交后的图形形状，即将多个图形中未重叠的部分删除，只保留重叠的图形。

> 利用【合并】、【修剪】和【相交】命令对选择的图形进行修整处理时，最终图形的属性与选择图形时的方式有关。当按住 Shift 键依次单击选择图形时，新图形的属性与最后选择的图形属性相同；当用框选的方式选择图形时，新图形的属性将与最下面的图形属性相同。

● 单击属性栏中的【简化】按钮或执行【排列】/【造形】/【简化】命令，可将选择的图形简化。此命令的功能与【修剪】命令的功能相似，但此命令可以同时作用于多个重叠的图形。

● 单击属性栏中的【移除后面对象】按钮或执行【排列】/【造形】/【移除后面对象】命令，可将图形前后重叠的部分修剪，只保留后面图形不重叠的部分。新图形的属性与下方图形的属性相同。

● 单击属性栏中的【移除前面对象】按钮或执行【排列】/【造形】/【移除后面对象】命令，可将图形前后重叠的部分修剪，只保留前面图形不重叠的部分。新图形的属性与上方图形的属性相同。

● 单击属性栏中的【创建边界】按钮或执行【效果】/【造形】/【边界】命令，可根据选择的图形的外边界创建一个新的图形。

STEP 17 为修剪后的图形填充黑色，并去除外轮廓，效果如图 1-33 所示。

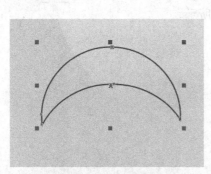

图1-32 修剪后的图形

图1-33 填充颜色后的图形

STEP 18 用与步骤 12~步骤 13 相同的复制方法，将修剪后的图形水平向右移动复制，复制出的图形如图 1-34 所示。

STEP 19 选择 🔘 工具，再绘制出如图 1-35 所示的椭圆形。

图1-34 移动复制出的图形

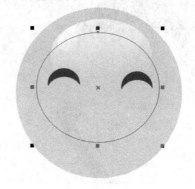

图1-35 绘制的椭圆形

STEP 20 单击属性栏中的 🔘 按钮，将椭圆形转换为弧线，然后设置【起始和结束角度】选项为 ⊕ 200.0 ⊖ 340.0，【轮廓宽度】选项为 △ 3.0 mm ▾，设置后的弧线形态如图 1-36 所示。

STEP 21 按住 Ctrl 键，继续利用 🔘 工具绘制圆形，然后选择 ▢ 工具，并绘制出如图 1-37 所示的矩形。

图1-36 设置后弧线形态

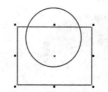

图1-37 绘制的圆形和矩形

STEP 22 利用 ▷ 工具将圆形和矩形同时选择，然后单击属性栏中的 🔳 按钮，用矩形对圆形进行修剪，效果如图 1-38 所示。

STEP 23 为修剪后的图形填充黑色，并去除外轮廓，然后将其移动到弧线的右上角位置，并调整至如图 1-39 所示的大小。

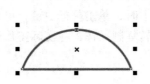

图1-38 修剪后的图形

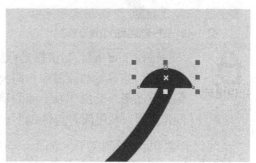

图1-39 图形调整后的大小及位置

STEP 24 在修剪后的图形上再次单击，使其周围显示出如图 1-40 所示的旋转和扭曲符号，将鼠标光标放置到右上角的旋转符号处，当鼠标光标显示为 ↻ 符号时，按下鼠标左键并向下拖曳，旋转图形的角度，状态如图 1-41 所示。

图1-40 显示的旋转符号

图1-41 旋转图形状态

知识提示　　旋转图形时，当旋转至合适的角度后，在不释放鼠标左键的情况下单击鼠标右键，可旋转复制出一个图形。

STEP 25 至合适位置后释放鼠标，然后在图形上再次单击，使其周围显示移动符号，并再次将图形调整至如图 1-42 所示的位置。

STEP 26 用移动复制图形的方法，将旋转角度后的图形再移动复制，然后单击属性栏中的 按钮，将复制出的图形在水平方向上镜像。

STEP 27 将镜像后的图形向左移动到如图 1-43 所示的位置。

图1-42 图形调整后的位置及形态

图1-43 复制图形调整后的位置

知识提示　　按住 Ctrl 键，将鼠标光标放置到选择图形左边中间的控制点上按下并向右拖曳，当显示与原图形相同大小的蓝色边框时，单击鼠标右键，可直接镜像复制图形，此操作及上面的移动复制和旋转复制操作，在实际工作过程中经常运用，希望读者能将其熟练掌握。

　　至此，卡通图标就绘制完了，下面为卡通图标制作投影效果。

STEP 28 利用 工具，在卡通图标的下方绘制椭圆形，然后为其填充"50%黑"的灰色，并去除外轮廓，如图 1-44 所示。

STEP 29 执行【位图】/【转换为位图】命令，在弹出的【转换为位图】对话框中设置选项及参数如图 1-45 所示。

图1-44　绘制的椭圆形

图1-45　【转换为位图】对话框

STEP 30　单击 确定 按钮，将椭圆形转换为位图，然后执行【位图】/【模糊】/【高斯式模糊】命令，在弹出的【高斯式模糊】对话框中设置选项及参数如图1-46所示。

STEP 31　单击 确定 按钮，即可将图形模糊处理，制作出如图1-47所示的投影效果。

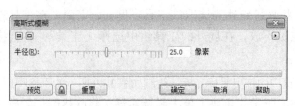

图1-46　【高斯式模糊】对话框

图1-47　制作的投影效果

STEP 32　按 Ctrl+S 组合键，将此文件命名为"卡通.cdr"保存。

任务三　标志设计

标志是平面设计中不可缺少的主要内容，它是企业的符号。企业的一切对外广告和促销宣传活动等都离不开这一核心形象。本任务将为金网迅电子有限公司设计标志图形。

【步骤图解】

标志图形的绘制过程示意图如图1-48所示。

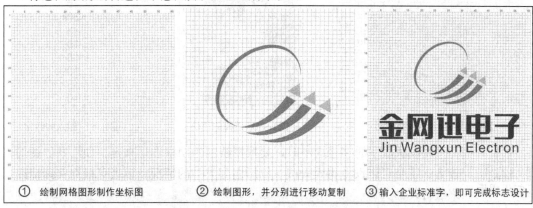

① 绘制网格图形制作坐标图　　② 绘制图形，并分别进行移动复制　　③ 输入企业标准字，即可完成标志设计

图1-48　标志图形的绘制过程示意图

【设计思路】

该标志是由 3 个倾斜排列的向右上方延伸的箭头图形组成，体现了公司员工积极向上的动力。最上面一个箭头组成了椭圆形，体现了企业的凝聚力和向心力。整体标志给人很强的视觉动感冲击力，象征着金网迅电子有限公司健康成长发展的速度和企业员工的激情。

（一） 制作标志坐标图

在设计标志时，要充分考虑到其用途与应用场合，并使其能适合放置在不同的位置，即放大后不能使人感到空洞，缩小后不能使人感到拥挤，因此在制作时要严格按照标志坐标图的要求进行。

【步骤解析】

STEP 1 执行【文件】/【新建】命令（快捷键为 Ctrl+N 组合键），新建一个图形文件。

STEP 2 在工具箱中的 ○ 工具上按下鼠标左键不放，在展开的工具组中选择 ▢ 工具，然后将属性栏中 ▯ ▦ 的参数均设置为 "30"。

> **知识提示** 在后面的操作步骤讲解过程中，如要选择隐藏的工具，且在前面已经用过，为了叙述上的方便，将直接叙述为选取该工具。例如，上面 "在工具箱中的 ○ 工具上按下鼠标左键不放，在展开的工具组中选择 ▢ 工具"，将直接叙述为 "选择 ▢ 工具"。

STEP 3 按住 Ctrl 键，在绘图窗口中拖曳鼠标光标，绘制如图 1-49 所示的网格图形。

STEP 4 在调色板中如图 1-50 所示的色块上单击鼠标右键，将网格图形的颜色调整为灰色。

STEP 5 选择 字 工具，在绘图窗口中依次输入图 1-51 所示的数字。

STEP 6 12 pt ▾ 下拉列表中选择 "8 pt"，然后单击 ▪ 按钮，在弹出的下拉列表中选择【居中】选项。

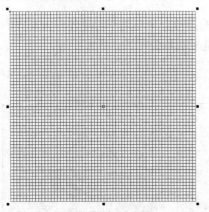

图1-49 绘制的网格图形

图1-50 选择的色块

```
 1
 5
10
15
20
25
30
35
40
45
50
55
60
```

图1-51 输入的数字

> **知识提示** 在设置数字的字号大小时，要根据绘制的网格图形来定，如绘制的图形较大，字号可以设置得大一些。以后遇到类似的情况，读者可根据实际情况来进行设置。

STEP 7 选择 ▨ 工具，将调整字号及对齐方式后的数字移动到图 1-52 所示的位置。

STEP 8　　执行【排列】/【拆分】命令（快捷键为 Ctrl+K 组合键），将输入的数字以"行"为单位拆分。

STEP 9　　选择数字"60"，利用向下光标键将其调整至图 1-53 所示的位置。

　　默认情况下，每按一次键盘上的光标键，选择的图形会移动 2.54 mm，这是系统默认的限制值。但用户可根据需要对其修改，执行【工具】/【选项】命令，在弹出的【选项】对话框的左侧选择【文档】/【标尺】选项，然后设置右侧窗口中【微调】选项的参数即可。

STEP 10　　分别选择其他数字，利用向下光标键将其分别调整至图 1-54 所示的位置。

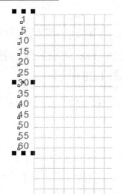

图1-52　数字移动后的位置　　　　图1-53　数字"60"放置的位置　　　　图1-54　其他数字放置的位置

STEP 11　　用与步骤 5～步骤 10 相同的方法，制作出横向坐标轴的数字，如图 1-55 所示。

图1-55　横向输入的数字及位置

　　在输入横向数字时，也要利用步骤 5 中的输入方法，不能输入一列，否则数字拆分后将是单个的数字，如数字"10"，将拆分为"1"和"0"。

　　至此，标志坐标图制作完成，整体效果如图 1-56 所示。

STEP 12　　执行【文件】/【保存】命令（快捷键为 Ctrl+S 组合键），在弹出的【保存绘图】对话框中将此文件命名为"标志设计.cdr"保存。

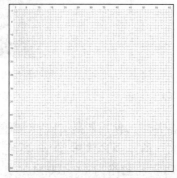

图1-56　制作完成的标志坐标图

（二） 绘制标志图形

接下来在绘制的标志坐标图上绘制标志图形。在绘制之前，为了避免在操作过程中误移动绘制的网格图形和数字，可以先将它们锁定。

【步骤解析】

STEP 1 双击 工具，将网格图形和数字全部选中，然后执行【排列】/【锁定对象】命令，将选择的对象锁定。

STEP 2 选择 工具，在标志坐标图中绘制如图 1-57 所示的椭圆形。

STEP 3 选择 工具，然后按键盘数字区中的 + 键，将绘制的椭圆形在原位置复制。

STEP 4 按键盘数字区中的向下光标键，将复制出的图形向下移动，然后按住 Shift 键，将鼠标光标放置到选择图形右侧中间的控制点上，当鼠标光标显示为双向箭头时，按下鼠标左键并向左拖曳，将复制出的图形在水平方向上缩小调整，形态如图 1-58 所示。

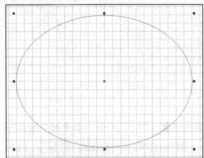
图1-57　绘制的椭圆形

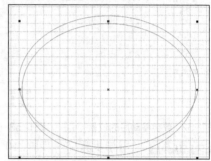
图1-58　复制图形缩小后的形态

STEP 5 利用 工具将两个椭圆形同时选中，然后单击属性栏中的 按钮修剪图形。

STEP 6 确认修剪后的图形处于选择状态，将属性栏中 40.0 选项的参数设置为 "40"，图形旋转后的形态如图 1-59 所示。

STEP 7 在工具箱中的 工具上按下鼠标左键不放，在展开的工具组中选择 工具，弹出【均匀填充】对话框，设置的颜色参数如图 1-60 所示。

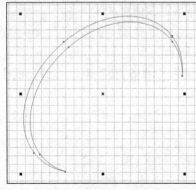
图1-59　图形旋转后的形态

图1-60　设置的颜色参数

知识提示

在本书的颜色应用中，使用的是 CMYK 颜色值。如果后面的内容设置的颜色值有为 "0" 的，将不再给出颜色值为 "0" 的参数，如 (C:100,M:20,Y:0,K:0) 将省略为 (C:100,M:20)。

18

STEP 8 单击 确定 按钮，为图形填充设置的天蓝色，在【调色板】上方的⊠按钮上单击鼠标右键，去除图形的轮廓色，效果如图 1-61 所示。

STEP 9 在工具箱中的 工具上按下鼠标左键不放，在展开的工具组中选择 工具，然后在绘图窗口中依次单击，绘制如图 1-62 所示的图形。

STEP 10 选择 工具，将鼠标光标移动到图形的左上角位置，按下鼠标左键并向右下方拖曳，框选图形中的所有节点，状态如图 1-63 所示。

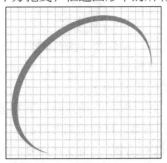

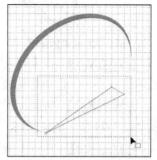

图1-61　图形填充颜色后的效果　　　　图1-62　绘制的图形　　　　图1-63　框选节点时的状态

STEP 11 单击属性栏中的 按钮，将框选的节点转换为具有可编辑性质的曲线，然后将鼠标光标移动到图形以外的任意位置单击，取消对节点的选择。

STEP 12 将鼠标光标移动到下方线形的中间位置，按下鼠标左键不放并向下拖曳，释放鼠标左键，调整线形的形状，其状态如图 1-64 所示。

STEP 13 用与步骤 12 相同的方法对上方线形进行调整，状态如图 1-65 所示。调整后的图形形态如图 1-66 所示。

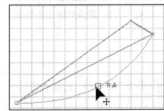

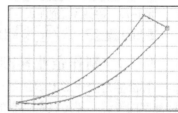

图1-64　调整下方线形时的状态　　　图1-65　调整上方线形时的状态　　　图1-66　线形调整后的形态

STEP 14 执行【编辑】/【复制属性自】命令，弹出【复制属性】对话框，在其中勾选如图 1-67 所示的复选框。

STEP 15 单击 确定 按钮，然后将鼠标光标移动到图 1-68 所示的位置单击，复制该图形的填充色并去除外轮廓线，生成的效果如图 1-69 所示。

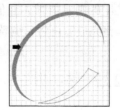

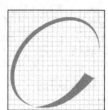

图1-67　【复制属性】对话框　　　图1-68　调整线形时的状态　　　图1-69　线形调整后的形态

STEP 16 用与步骤 9～步骤 15 相同的方法，依次绘制如图 1-70 所示的图形。

STEP 17 选择 工具，并将属性栏中 选项的参数设置为 "3"，然后绘制如图 1-71 所示的三角形。

STEP 18 在【调色板】下方的 ◀ 按钮上单击,将【调色板】展开,然后将鼠标光标移动到图1-72所示的"桃黄"颜色上单击,为三角形填充桃黄色。

图1-70 绘制的图形

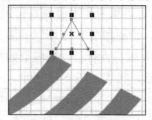

图1-71 绘制的三角形

图1-72 选择的颜色

STEP 19 在【调色板】上方的 ⊠ 按钮上单击鼠标右键,去除图形的轮廓色,然后将属性栏中 ↻ 333.0 选项的参数设置为"333",图形旋转后的形态如图1-73所示。

STEP 20 将鼠标光标放置到选择图形中间的控制点上,按下鼠标左键并向右下方拖曳至图1-74所示的位置时,在不释放鼠标左键的情况下单击鼠标右键,移动复制图形。

STEP 21 执行【编辑】/【重复】命令(快捷键为 Ctrl+R 组合键),重复移动复制图形,效果如图1-75所示。

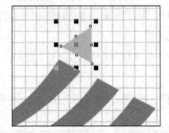

图1-73 图形旋转后的形态

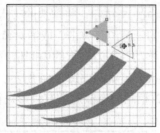

图1-74 调整线形时的状态

图1-75 重复复制出的图形

STEP 22 按 Ctrl+S 组合键,将此文件保存。

(三) 制作企业标准字

标准字是企业形象识别系统的基本要素之一。一般各大型企业都有自己专用的标准字。标准字的设计一般是在普通字的基础上进行个性化和艺术化的加工处理。在设计时,要注意字体结构的严谨性及字体之间的统一性和规范性。本例将在"汉仪菱心体简"字体的基础上,将文字进行调整。

【步骤解析】

STEP 1 利用 字 工具,输入如图1-76所示的黑色文字,字体选用"汉仪菱心体简"。

🔒 **知识提示** 为了能使给出的图示清晰,我们在输入文字时是在坐标图以外的区域输入,等将文字调整完成后再将其调整至坐标图中。

STEP 2 按 Ctrl+Q 组合键,将输入的文字转换为曲线。转换后的文字效果如图1-77所示。

金网迅电子　金网迅电子

图1-76 输入的文字 　　　　　　　　图1-77 转换为曲线后的文字形态

STEP 3 选择 🖊️工具，框选如图 1-78 所示的节点，然后单击属性栏中的 🔲 按钮，在弹出的【节点对齐】对话框中单击【水平对齐】选项前面的复选框，将其勾选取消，只保留【垂直对齐】选项，如图 1-79 所示。

STEP 4 单击 确定 按钮。选择节点对齐后的效果如图 1-80 所示。

图1-78 框选的节点　　　　图1-79 设置的对齐选项　　　　图1-80 选择节点对齐后的效果

STEP 5 择的节点上，按下鼠标左键并向右拖曳，状态如图 1-81 所示，然后框选如图 1-82 所示的节点，将其向上移动。调整后的形态如图 1-83 所示。

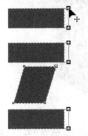

图1-81 拖曳节点时的状态　　　　图1-82 框选的节点　　　　图1-83 向上调整节点后的形态

> 🔒 **知识提示**　在调整节点的位置时，一定要将鼠标光标放置在选择的任意节点上，即鼠标光标显示为 ▶ 符号，否则不能对节点进行移动。

STEP 6 按住 Shift 键依次框选如图 1-84 所示的节点，然后将其向下移动，调整至如图 1-85 所示的形态。

图1-84 框选节点时的状态　　　　图1-85 节点调整后的形态

STEP 7 将金字中"两点"下方的节点分别向下移动，调整至如图 1-86 所示的形态，然后框选如图 1-87 所示的节点，将其向右拖曳，调整至如图 1-88 所示的形态。

图1-86　节点调整后的形态　　　　图1-87　框选的节点　　　　图1-88　节点调整后的形态

接下来调整"网"字。

STEP 8　利用 工具分别将"网"字中的横线调细、竖线调粗。其对比效果如图1-89所示。

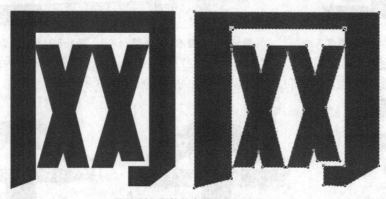

图1-89　调整节点前后的对比效果

STEP 9　选择左侧竖线右下角的节点，按住 Ctrl 键，将其向下调整至如图1-90所示的位置。

STEP 10　将鼠标光标放置在绘图窗口上方的水平标尺内，按下鼠标左键并向下拖曳，在"网"字的底部添加辅助线，如图1-91所示。

STEP 11　确认菜单栏中的【视图】/【对齐辅助线】命令处于启用状态，将"网"字右下角的节点选中，并调整至如图1-92所示的位置。

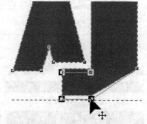

图1-90　节点调整的位置　　　　图1-91　添加辅助线时的状态　　　　图1-92　调整节点时的状态

执行【视图】/【对齐辅助线】命令，使其前面显示勾选图标，在绘图窗口中再绘制图形或移动图形时，图形将会紧贴添加的辅助线移动，确保图形对齐辅助线。如在启用【对齐辅助线】命令的基础上再次执行此命令，将其前面的勾选取消，系统将禁用此对齐功能。

STEP 12　框选如图1-93所示的节点，将其向下调整至如图1-94所示的位置，然后将"网"字右下角的斜角调整至如图1-95所示的圆滑角。

图1-93 框选的节点　　　　　图1-94 节点调整后的位置　　　　图1-95 调整后的圆滑角形态

下面再来调整"迅"字。

STEP 13 利用 ❧ 工具分别将"迅"字中的横线调细、竖线调粗，并将右下角的节点对齐。其调整前后的对比效果如图 1-96 所示。

图1-96 调整节点前后的对比效果

STEP 14 框选如图 1-97 所示的节点并按 Delete 键删除，然后利用矩形工具绘制出如图 1-98 所示的黑色矩形。

STEP 15 将"迅"字左下角的"斜角"调整为"圆滑角"，如图 1-99 所示。

图1-97 框选的节点　　　　　图1-98 绘制的矩形　　　　　图1-99 调整后的圆滑角形态

STEP 16 用与上面相同的调整文字的方法，将"电"、"子"两字进行调整。调整前后的对比效果如图 1-100 所示。

电子电子

图1-100 文字调整前后的对比效果

STEP 17 用与步骤 10 相同的添加辅助线方法，在文字上方添加如图 1-101 所示的辅助线。

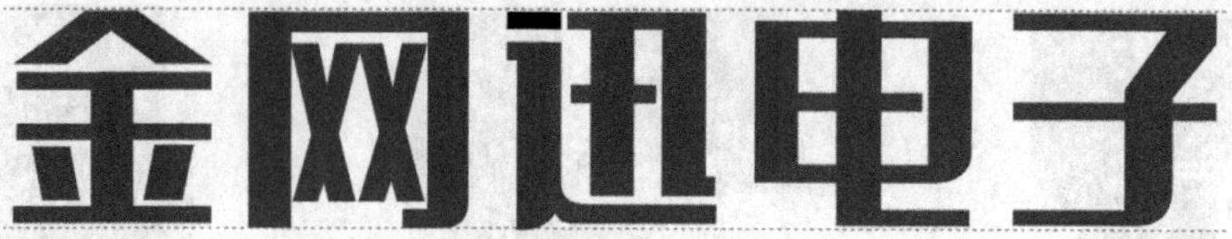

金网迅电子

图1-101 添加的辅助线

STEP 18 利用工具将“金”字框选，然后将其调整至与下方辅助线对齐，如图1-102所示。

STEP 19 单击属性栏中的按钮，将鼠标光标放置在缩放框左上角的控制点上，按下鼠标左键并向左上方拖曳，将“金”字放大，状态如图1-103所示。

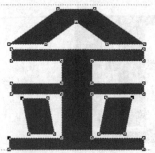

图1-102 对齐后的形态

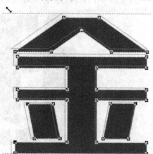

图1-103 放大“金”字时的状态

STEP 20 用与步骤18、步骤19相同的调整文字大小的方法，依次调整其余文字，使其上下两端分别与辅助线对齐，如图1-104所示。

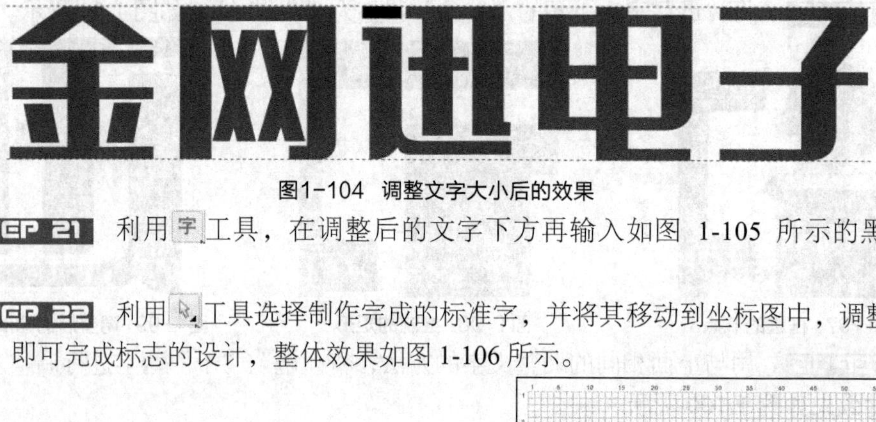

金网迅电子

图1-104 调整文字大小后的效果

STEP 21 利用字工具，在调整后的文字下方再输入如图1-105所示的黑色英文字母。

STEP 22 利用工具选择制作完成的标准字，并将其移动到坐标图中，调整大小及位置后，即可完成标志的设计，整体效果如图1-106所示。

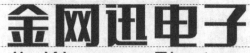

金网迅电子
Jin Wangxun Electron

图1-105 输入英文字母后的形态

金网迅电子
Jin Wangxun Electron

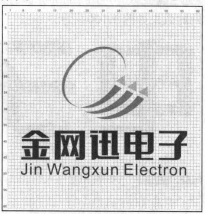

图1-106 设计完成的标志

STEP 23 按Ctrl+S组合键，将此文件保存。

【视野拓展】

1. 标志的表现形式

标志作为一种企业识别符号，具有极强的设计性，在设计的形式与组合方面有自己独特的表现形式。设计标志时要考虑既突出标志的组合形式，又突出标志独特的艺术语言和规律。标志的表现形式与组合大致有如下几种类型。

（1）图形组合。

用具象图形作标志的主体要素，该图形一般是商品品牌或公共活动主题的形象化。它的最大特色是力求图形简洁、概括，有较强的视觉冲击力，如图1-107所示。

（2）汉字组合。

汉字作为标志设计的主体，有相当久远的历史。汉字的组合需要选择适当的字体与字形。书法艺术中的真、草、隶、篆，美术字中的各类字体都可作为标志设计的素材。汉字组合的标志，要遵循易识、易记的原则，使这种特殊形式的表现更加丰富多彩、千变万化，视觉效果要强烈突出，如图1-108所示。

图1-107　图形组合标志

图1-108　汉字组合标志

（3）汉字与图形组合。

此类形式的组合有图文并茂的艺术效果。可以图形为主，把汉字进行装饰变化成为特定的图形；也可以汉字为主，附加以适当的图形进行装饰，如图1-109所示，这种标志组合时应注意整体风格的协调统一、自然天成，切忌生拼硬凑，使得视觉形象模糊。

（4）外文组合。

外文组合包括英文字母和汉语拼音及拉丁字母的组合。外文组合可用品牌的全称字母进行组合，也可用其中某个具有代表性的字母单体进行设计。有的单纯洗练，有的庄重朴实，有的轻盈活泼，有的典雅华贵。要根据特定的环境及要求，体现独特的创意思想，突出个性；结构要严谨，注意笔画间的方向转换、大小对比、高低呼应、结构的穿插，如图1-110所示。

图1-109　汉字与图形组合标志

图1-110　外文组合标志

外文与图形的组合要注意字母与图形的完整和统一性，结构要严谨，图形特点要鲜明、集中，视觉性强，如图1-111所示。

（5）汉字与外文字母组合。

这类"中西合璧"的形式，要有机地体现东方的审美情趣与西方审美的情调，注重汉字与外文字的协调统一。汉字的笔画可巧妙地用外文字取代，也可将表音与表意相结合，组成新单字或字组。另外可用外文字母包容汉字，把汉字嵌入图形，构成完整的画面，如图 1-112 所示。这类组合在造型上有较大的差异，设计中要认真分析是否有组合的可行性和必要性，避免由于"硬性搭配"而破坏图形的视觉效果。

图1-111 外文与图形组合标志　　　　　　　　图1-112 汉字与外文字母组合标志

（6）　数字组合。

数字组合分汉字数字组合与阿拉伯数字组合。前者类似于汉字组合；阿拉伯数字由于其本身的形式美和可塑性，常常作为标志设计的素材，多为独立使用，有时也与其他图形相结合，成为一种形象鲜明的综合形象标志，如"三九集团"的"999"标志，"555"牌香烟标志等，如图 1-113 所示。

（7）　抽象组合。

抽象组合基本是利用几何形体或其他构成图形等组成标志的。它体现了严谨感和律动感，具有想象力的特性，能拓展出更加广阔的联想空间。它用相对抽象的形式符号来表达事物本质的特征。抽象组合有的属于一种象征意义表达，有的表意较为含蓄，有的则含糊不清，与所表达的事物在本质上没有任何联系，但都具有特定的象征意义，如图 1-114 所示。

图1-113　数字组合标志　　　　　　　　　图1-114　抽象组合标志

2.　标志设计的基本原则

标志设计作为一项独立的具有独特构思思维的设计活动，有着自身的规律和遵循的原则。它要在方寸之间体现出多方位的设计理念，在形式上必须鲜明强烈，让人过目不忘。在开始构思设计标志时要注意标志设计的基本原则。

（1）　准确定位。

它是标志设计传递主要信息的依据。要想把客观事物的本质、特色准确地表现出来，标志就要有定位。有了准确的定位和目标，标志才会有深刻的内涵和意义。对标志准确定位的要求是符合该事物的基本特性，有强烈的时代感，造型形式要新颖，如图 1-115 所示。

（2）　典型形象。

典型的艺术形象反映事物的本质特征，是对自然形象的高度集中概括、提炼和理想化，如图 1-116 所示。典型形象来自设计者对生活的深刻理解，也来自对表达角度的认真选择，还依赖于设计者对客观事物的整理加工和高度概括塑造。没有本质的形象是空洞乏味的，没有个性的设计就会产生雷同，其美感自然也就无从谈起。

图1-115　准确定位　　　　　　　　　　　图1-116　典型形象

（3）　形式多样。

标志的表现形式要依据内容和实用功能来确定，如图1-117所示。在保证外形完整、视觉清晰的前提下，标志形式应多样化。

- 应诱发人们的联想。不同的造型给人以不同的联想。内容与形式的完美结合应作为设计的首要原则。
- 要有民族特色。具有民族性的才可能是大众性的。
- 要有现代感，符合当今时代的审美情趣和欣赏心理要求。

（4）　表现恰当。

标志的内容与形式确定后，表现方法就成为关键所在，如图1-118所示。它是标志多样性的需要，可有以下几种表述。

- 直接表述：用最明确的文字或图形直接表达主题，开门见山，通俗易懂，一目了然。
- 寓言表达：用与主题意义相似的事物表达商品或活动的某些特点。
- 象征表述：用富于想象或相联系的事物，采用暗示的方法表示主题。
- 同构：这是标志设计中经常采用的艺术形式。它是把与主题相关的两个以上不同的形象巧妙地组合，将其化为一种新的统一图形，包含了其他图形所具备的个性特质，使主题得以深化，联想更加丰富，形象结合自然巧妙，象征意义更加明确深刻。

（5）　色彩鲜明。

标志的色彩要求简洁明快。颜色的使用首先要适应其主题，其次要考虑使用范围，即环境、距离、大小等，如图1-119所示。由于色彩能引发一定的联想，因此它的象征、寓意功能十分强大。奥运会的五环标志就是一个最好的例证。色彩的使用必须做到简洁，能用一色表达绝不用二色重复。

图1-117　形式多样　　　　　图1-118　表现恰当　　　　　图1-119　色彩鲜明

项目实训

完成本项目中的各个任务后，相信读者对 CorelDRAW X6 已有了初步的认识，并基本掌握了其操作方法。下面进行实训练习，对本项目所讲理论知识加以巩固和提高。

实训一 标志设计

要求：根据任务二设计标志的方法，为红叶红服饰有限公司设计标志，设计完成的标志图形如图 1-120 所示。

图1-120 设计完成的标志图形

【设计思路】

该标志是把字母"A"装饰变化构成的，给人以稳定、可靠的视觉感受，象征了红叶红服饰的质量值得信赖。字母"A"中间穿插了一个黄色的树叶图形，突出了企业名称。下面的黄色三角形，象征企业就像泰山一样稳固可靠。

【步骤解析】

STEP 1 利用【图纸】工具及【文本】工具制作标志坐标图。

STEP 2 选择 工具，将属性栏中 选项的参数设置为"3"，然后在网格图形中绘制深红色（C:20,M:100,Y:60）、无外轮廓的三角形。

STEP 3 将三角形在原位置复制，并修改为深黄色（M:20,Y:100），然后将鼠标光标移动到三角形右上角的控制点上，按下鼠标左键并向左下方拖曳，将图形缩小至如图 1-121 所示的形态。

STEP 4 利用 工具将两个三角形同时选中，然后执行【排列】/【对齐和分布】/【垂直居中对齐】命令，将两个三角形居中对齐。

STEP 5 执行【排列】/【造形】/【造形】命令，弹出【造形】泊坞窗，设置选项如图 1-122 所示。

STEP 6 单击 修剪 按钮，然后将鼠标光标移动到深红色图形上单击，对其进行修剪，然后将深黄色图形缩小调整至如图 1-123 所示的形态。

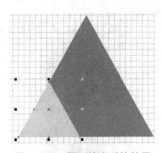

图1-121 图形缩小后的效果

图1-122 【造形】泊坞窗

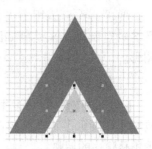

图1-123 调整后的图形形态

STEP 7 利用 ✎ 工具和 ✎ 工具在深红色图形上绘制出如图 1-124 所示的图形，注意绘制的图形要与其下方图形的右边缘对齐。

STEP 8 为绘制的图形填充深黄色（M:20,Y:100），然后去除外轮廓线。

STEP 9 选择 ▣ 工具，并激活属性栏中的 ▣ 按钮，然后设置 ⌐¹ 🔼 ▤ 1.5 mm 🔼 的参数分别为"1"和"1.5 mm"，图形添加交互式轮廓后的效果如图 1-125 所示。

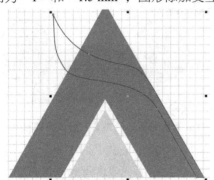

图1-124 绘制的图形

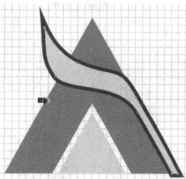

图1-125 添加交互式轮廓后的效果

STEP 10 按 Ctrl+K 组合键，将图形与添加的交互式轮廓拆分，然后将黑色的外轮廓图形与下方的深红色图形同时选择，并单击属性栏中的 ▣ 按钮，用轮廓图形修剪深红色图形，生成的效果如图 1-126 所示。

STEP 11 利用 ✎ 工具和 ✎ 工具绘制出如图 1-127 所示的图形，然后为其填充深红色（C:20,M:100,Y:60），并去除外轮廓线。

STEP 12 利用 字 工具在标志图形下方输入如图 1-128 所示的文字，即可完成红叶红服饰标志的设计。

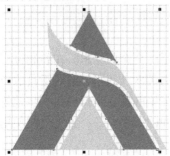

图1-126 修剪后的图形效果

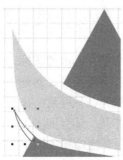

图1-127 绘制的图形

图1-128 输入文字后的效果

实训二 绘制卡通吉祥物

要求：综合运用【贝塞尔】工具、【形状】工具，及各种复制操作来绘制如图 1-129 所示的卡通吉祥物图形。

【步骤解析】

STEP 1 灵活运用【贝塞尔】工具、【形状】工具和【椭圆形】工具绘制吉祥物的头部图形。注意各图形堆叠顺序的调整。

老虎头部图形的绘制过程示意图如图 1-130 所示。

STEP 2 用与步骤 1 相同的绘制图形方法，依次绘制出老虎图形的身体部位，各图形填充的颜色可参见作品。

图1-129 绘制完成的卡通图标

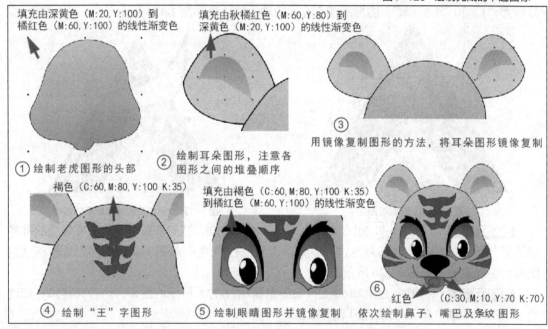

填充由深黄色（M:20,Y:100）到橘红色（M:60,Y:100）的线性渐变色

① 绘制老虎图形的头部

填充由秋橘红色（M:60,Y:80）到深黄色（M:20,Y:100）的线性渐变色

② 绘制耳朵图形，注意各图形之间的堆叠顺序

③ 用镜像复制图形的方法，将耳朵图形镜像复制

褐色（C:60,M:80,Y:100 K:35）

④ 绘制"王"字图形

填充由褐色（C:60,M:80,Y:100 K:35）到橘红色（M:60,Y:100）的线性渐变色

⑤ 绘制眼睛图形并镜像复制

红色（C:30,M:10,Y:70 K:70）

⑥ 依次绘制鼻子、嘴巴及条纹 图形

图1-130 老虎头部图形的绘制过程示意图

项目小结

本项目带领读者动手绘制了一个漂亮的卡通图标，并设计了一个企业标志。在绘制过程中，读者可能对图形的形状难以一步调整到位，这是由于读者的美术功底不够或对工具的应用还没有熟练掌握。希望读者不要放弃，只要耐心仔细地按照书中的操作步骤一步一步地绘制，就一定可以绘制出满意的最终作品。读者要多做一些这方面的练习，在将各工具的使用方法及功能熟练掌握后，也就可以任意地绘制各种作品了。

思考与练习

1. 灵活运用【多边形】工具及【智能填充】工具来设计如图 1-131 所示的标志图形。
2. 综合运用本项目学过的工具和命令，绘制如图 1-132 所示的卡通图标。

图1-131 设计完成的商标图形

图1-132 绘制的卡通图标

项目二
CIS 企业应用系统设计

CIS，即企业形象识别系统，作为企业树立整体形象、拓展市场和提升竞争力的有效工具，它的价值已被诸多企业所认同。CIS 设计包括基础部分和应用部分。基础部分主要是企业标志、标准字及企业色彩设计等；应用部分主要是办公用品、礼品、指示牌、标牌、挂旗、服装和交通工具等。

本项目主要设计企业的应用部分，包括设计办公用品、礼品、指示牌及服装等。设计完成的效果如图2-1所示。

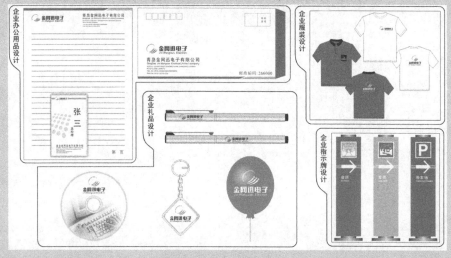

图2-1　设计的企业应用系统

知识技能目标

- 了解企业部分应用系统的设计方法
- 熟悉【文本】工具的应用
- 学习利用【调和】工具复制图形的方法
- 熟悉【图框精确剪裁】命令的应用
- 熟悉【添加透视】命令的应用
- 掌握以中心等比例缩小复制图形的操作
- 掌握利用【渐变填充】工具制作金属效果的方法
- 熟悉【插入符号字符】命令的应用

任务一　企业办公用品设计

日常生活中常见的办公用品多种多样，不同的人群使用的类型也不相同。作为企业或集团，可以根据其自身的性质来设计制作企业专用的办公用品。本任务将详细介绍企业办公用品中的名片、信纸与信封的设计与制作方法。

（一）　名片设计

设计名片，首先要突出企业的标志和名称，然后确定姓名与职务的摆放位置，最后安排企业地址、电话等内容。

【步骤图解】

名片的设计过程示意图如图 2-2 所示。

① 绘制图形，然后利用移动复制操作和交互式　② 将制作的辅助图案群组　然后置入矩形图　③ 添加企业标志并输入相关文
调和工具依次复制图形，制作出辅助图案　　　形中，并利用添加透视命令对其进行调整　　　字，即可完成名片的设计

图2-2　名片的设计过程示意图

【设计思路】

该名片是一款网络电子企业员工的名片。名片采用竖版排版方式，新颖、大方。由大到小排列的灰色圆形，体现了公司网络科技的特性，以及电子行业技术的迅速发展。

【步骤解析】

STEP 1　按 Ctrl+N 组合键，新建一个图形文件。

STEP 2　选择 ○ 工具，按住 Ctrl 键绘制圆形，然后为其填充灰色（K:10），再在【调色板】上方的 ⊠ 按钮上单击鼠标右键，去除圆形的外轮廓。

STEP 3　选择 ▶ 工具，将鼠标光标移动到绘制的圆形上，按下鼠标左键并向下拖曳，至合适位置后在不释放鼠标左键的情况下单击鼠标右键，移动复制圆形。

STEP 4　按住 Shift 键，将鼠标光标放置到选择图形右上角的控制点上，当鼠标光标显示为 ⚔ 形状时，按下鼠标左键并向右上方拖曳将图形调大，效果如图 2-3 所示。

STEP 5　选择 ⬚ 工具，将鼠标光标放置到上方的圆形上单击，然后向下方图形上拖曳，状态如图 2-4 所示，释放鼠标后，即可创建调和图形。

STEP 6　将属性栏中 🔢20 的参数修改为"3"，调整调和步数后的图形如图 2-5 所示。

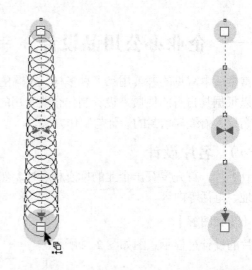

图2-3　复制出的图形　　　　　　　图2-4　调和图形状态　　　　　　图2-5　调整后的调和图形

STEP 7 　选择 工具，然后将鼠标光标放置到调和图形的中心位置，按下鼠标左键并向右拖曳，至合适位置后在不释放鼠标左键的情况下单击鼠标右键，移动复制图形，如图 2-6 所示。

STEP 8 　连续按 3 次 Ctrl+R 组合键，重复复制调和图形，效果如图 2-7 所示。

图2-6　复制出的图形　　　　　　　　　　　图2-7　重复复制出的图形

STEP 9 　利用 工具将图形全部选中，然后按 Ctrl+G 组合键群组。

STEP 10 　选择 工具，在绘图窗口中绘制矩形，然后单击属性栏中的 按钮，取消图形的长宽比锁定，此时 按钮将显示为 按钮。

STEP 11 　将【对象大小】的参数设置为 ，将绘制矩形的尺寸修改为名片的大小。

STEP 12 　选择群组图形，然后执行【效果】/【图框精确剪裁】/【置于图文框内部】命令，当鼠标光标显示为 形状时，将其移动到矩形上单击，将选择的群组图形置入矩形中，如图 2-8 所示。

默认状态下，系统是将选取的图片放置到容器的中心位置。当选取的图片比容器小时，图片将不能完全覆盖容器；当选取的图片比容器大时，图片置入容器后，将只显示图片中心的局部位置。如需要调整，可以利用【效果】/【图框精确剪裁】/【编辑 PowerClip】命令对其进行调整。

STEP 13 执行【效果】/【图框精确剪裁】/【编辑 PowerClip】命令，转换到内容的编辑模式。

STEP 14 利用 工具选择群组图形，然后执行【效果】/【添加透视】命令，并将群组图形调整至如图 2-9 所示的形态。

STEP 15 执行【效果】/【图框精确剪裁】/【结束编辑】命令，完成内容的编辑，效果如图 2-10 所示。

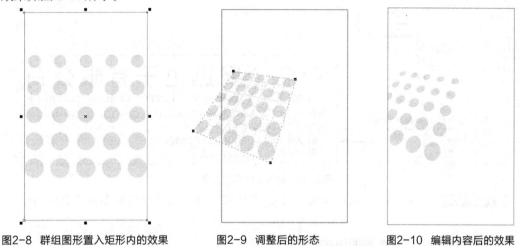

图2-8 群组图形置入矩形内的效果　　　图2-9 调整后的形态　　　图2-10 编辑内容后的效果

STEP 16 按 Ctrl+I 组合键，将教学辅助资料中"图库\项目二"目录下名为"标志组合.cdr"的图形导入，调整大小后放置到如图 2-11 所示的位置。

图2-11 标志组合调整后的大小及位置

STEP 17 利用 工具在标志组合的左、右两侧依次绘制如图 2-12 所示的无外轮廓的矩形，填充色为灰色（K:30）。

图2-12 绘制的矩形

STEP 18 利用 字 工具，在绘图窗口中依次输入如图 2-13 所示的黑色文字。

图2-13 输入文字后的效果

STEP 19 至此，名片设计完成。按 Ctrl+S 组合键，将此文件命名为"名片.cdr"保存。

【视野拓展】——名片的构成要素

在设计名片时，形式、色彩和图案都应该依照企业 CI 手册来设计，尺寸和形状要根据人们的使用习惯以及印刷的纸张尺寸来决定，内容是由客户来决定的。对于不同的行业，设计的名片应该有所区别，使之不落俗套。在设计名片时设计师应充分发挥独创性和想象力，使设计的名片突出企业的形象和产品的特性。名片设计的表现手法虽因行业、诉求角度或客户而有所不同，但构成画面的内容、材料和尺寸是基本相同的。

（1） 造形构成要素。

造型要素包括插图（象征性或装饰性的图案）、标志（图案或文字造型的标志）、商品名（商品的标准字体，又叫合成文字或商标文字）、底纹（美化版面、衬托主题）。

（2） 文字构成要素。

文字要素包括公司名（包括公司中英文全称及业务内容）、标语（表现企业文化的广告语）、人名（中英文职称、姓名）、联系方式（中英文地址、电话、传真、网址、邮箱等）。

（3） 其他相关要素。

其他要素包括色彩（色相、明度、彩度的搭配，一般采用企业 CI 手册的统一视觉形象来应用）、编排（文字、图案的整体排列）。

（4） 常见名片的尺寸。

名片标准尺寸有 90mm×54mm、90mm×50mm、90mm×45mm。但在设计时每个边必须要加上 3mm 的出血，也就是 96mm×60mm、96mm×56mm、96mm×51mm。

（二） 信纸设计

在设计信纸时，要全面考虑企业的各个要素，确定企业标志和名称在页面中的摆放位置。

【步骤图解】

信纸的设计过程示意图如图 2-14 所示。

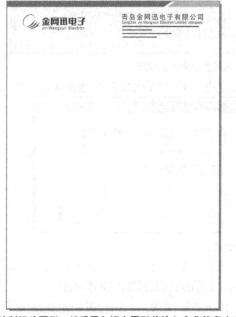

① 绘制标头图形，然后置入标志图形并输入企业信息文字　② 绘制线形，利用调和工具复制，再添加页码文字即可

图2-14　信纸的设计过程示意图

【设计思路】

这是一张企业用 A4 大小纸张设计的信纸。信纸最顶边的两块长条形色块是企业色，紧贴其下面放置企业标志、企业名称以及企业通信方式，整体排列有序，主题突出，且不占用太多的信纸空间。

【步骤解析】

STEP 1　按 Ctrl+N 组合键，新建一个图形文件。然后双击 工具，新建一个与页面大小相同的矩形。

STEP 2　选择 工具，在矩形的上方依次绘制如图 2-15 所示的深红色（C:20,M:100,Y:75）和桃黄色（M:40,Y:60）的无外轮廓的图形。

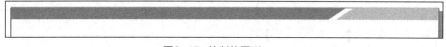

图2-15　绘制的图形

STEP 3　将设计的"名片.cdr"文件打开，利用 工具选择"标志组合"，然后执行【编辑】/【复制】命令。

STEP 4　执行【窗口】/【未命名-1】命令，将新建的文件设置为工作状态，然后执行【编辑】/【粘贴】命令，将复制的标志组合粘贴至新建的文件中。

STEP 5　利用 工具将标志组合调整大小后，放置到画面的左上角位置。

STEP 6　用与步骤 3～步骤 5 相同的方法，将"企业信息"文字粘贴至新建文件中，调整后放置到如图 2-16 所示的位置。

图2-16 标志组合及文字调整后的大小及位置

STEP 7 选择 工具，按住 Ctrl 键，在如图 2-17 所示的位置绘制直线。

图2-17 绘制出的直线

STEP 8 按住 Ctrl 键，向下移动绘制的线形，至合适位置后在不释放鼠标左键的情况下单击鼠标右键，在垂直方向上移动复制线形，放置的位置如图 2-18 所示。

STEP 9 选择 工具，将鼠标光标移动到上方的线形上，按住鼠标左键并向下方的线形上拖曳，当在两条线形之间出现一些虚线轮廓时，释放鼠标左键，对两条线形进行交互式调和，效果如图 2-19 所示。

图2-18 复制出的线形　　　　　　　　　　　图2-19 调和后的效果

调整 工具属性栏中 20 选项的值，可调整各线形之间的距离。

STEP 10 选择 字工具，在矩形的右下方位置输入"第　页"文字，即可完成信纸的设计。

STEP 11 按 Ctrl+S 组合键，将此文件命名为"信纸.cdr"保存。

【视野拓展】——信纸标准规格尺寸

大 16 开：21 cm×28.5 cm   正 16 开：19 cm×26 cm

大 32 开：14.5 cm×21 cm   正 32 开：13 cm×19 cm

大 48 开：10.5 cm×19 cm   正 48 开：9.5 cm×17.5 cm

大 64 开：10.5 cm×14.5 cm   正 64 开：9.5 cm×1 cm

（三） 信封设计

在设计信封时，要注意遵循邮政法规，提前与有关部门联络，收集尺寸、质量、署名、空间划分等有关资料。

【步骤图解】

信封的设计过程示意图如图 2-20 所示。

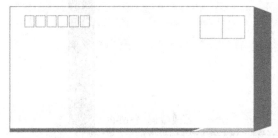

① 利用【矩形】和【钢笔】工具及移动复制操作依次绘制图形　② 置入标志图形及企业信息文字，再输入邮编等文字，即可完成信封的设计

图2-20　信封的设计过程示意图

【设计思路】

信封的设计比较中规中矩，一般都是左上角放置邮编，右上角设置贴邮票的位置，而企业信息会放置在信封正面的左下角位置，当然也有的企业会将企业信息放置到信封的背面，这些并没有特殊的要求。

【步骤解析】

STEP 1　　按 Ctrl+N 组合键，新建一个文件，然后单击属性栏中的 □ 按钮，将页面设置为横向。

STEP 2　　利用 □ 工具绘制出如图 2-21 所示的矩形，然后选择 △ 工具，并在矩形的下方和右侧依次绘制出如图 2-22 所示的无轮廓图形。

图2-21　绘制的矩形　　　　　　　　图2-22　绘制的无轮廓图形

STEP 3　　利用 □ 工具和移动复制图形的方法，在矩形的上方依次绘制并复制出如图 2-23 所示的填充色为白色、轮廓色为红色（M:100,Y:100）的矩形。

图2-23 绘制的矩形

STEP 4 将"名片.cdr"文件中的标志组合及企业信息文字选择并复制,然后将复制的组合及文字调整至合适的大小后放置到信封的左下方位置,再利用 🔡 工具依次输入图2-24 所示的黑色文字,即可完成信封的设计。

图2-24 输入文字后的效果

STEP 5 按 Ctrl+S 组合键,将此文件命名为"信封.cdr"保存。

【视野拓展】——我国邮局标准信封尺寸

1 号:165 mm×102 mm

2 号:176 mm×110 mm

3 号:176 mm×125 mm

4 号:208 mm×110 mm

5 号:220 mm×110 mm

6 号:230 mm×120 mm

7 号:230 mm×160 mm

8 号:309 mm×120 mm

9 号:324 mm×229 mm

10 号:458 mm×324 mm

信封常用纸:70K /80K /100K /120K /140K /胶版纸;特种纸:70K /80K /100K /120K /牛皮纸。

任务二 企业礼品设计

礼品是企业向顾客赠送的一种宣传品,以宣传商品、促进交易为目的,既服务于企业内部的人员,又可以在客户的心目中树立良好的企业形象。因此,赠送礼品是很多商家扩大产品影响的有效手段。本任务将详细介绍企业礼品中的钢笔、光盘、钥匙扣和气球等的设计与制作方法。

（一） 礼品笔设计

首先来绘制礼品笔。

【步骤图解】

礼品笔的设计过程示意图如图 2-25 所示。

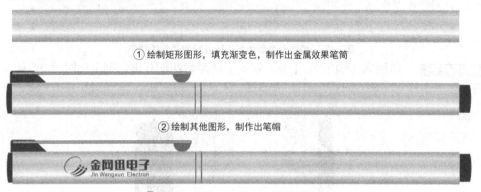

① 绘制矩形图形，填充渐变色，制作出金属效果笔筒

② 绘制其他图形，制作出笔帽

③ 置入标志图形，即可完成礼品笔的设计

图2-25　礼品笔的设计过程示意图

【设计思路】

该款礼品笔外壳带有金属质感，在相同的礼品中更显示出其档次。另外，在笔帽上放置了企业标志及名称，可以起到很好的宣传作用。

【步骤解析】

STEP 1　　按 Ctrl+N 组合键，新建一个横向的图形文件。

STEP 2　　利用 ▢ 工具，根据礼品笔的大小绘制一个矩形，然后选择 ▮ 工具，弹出【渐变填充】对话框，设置渐变颜色及选项，如图 2-26 所示。

【知识链接】

【自定义】渐变颜色的具体设置方法如下。

● 在紧贴【颜色条】的上方位置双击，可以添加一个小三角形，即添加了一个颜色标记。

● 在右边的颜色列表中选择颜色，如"50%黑"色，添加的颜色标记位置即显示设置的颜色。

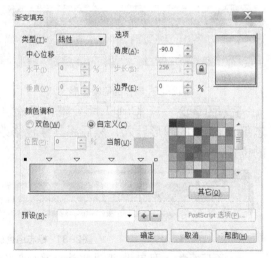

图2-26　设置的渐变颜色及选项

● 将鼠标光标放置在颜色标记上拖曳，可以改变小三角形的位置，从而改变渐变颜色的位置。

用上述方法，在颜色条上增加多个颜色标记，并设置不同的颜色，即可完成自定义渐变颜色的设置。

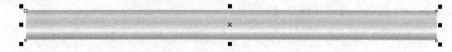

如果右侧的颜色框中没有需要的颜色，可以单击下方的 其它(Q) 按钮，在弹出的【选择颜色】对话框中自行调制需要的颜色。另外，在颜色标记上双击，可将该颜色标记从颜色条上删除。

42

STEP 3 单击 确定 按钮，并去除矩形的外轮廓线，图形效果如图 2-27 所示。

图2-27 填充渐变颜色并去除外轮廓线后的效果

STEP 4 利用 工具和 工具，在矩形的左右两侧分别绘制出如图 2-28 所示的黑色图形。

图2-28 绘制的图形

STEP 5 灵活运用 工具、 工具和 工具绘制出如图 2-29 所示的笔帽图形。

STEP 6 利用 工具及移动复制操作，依次绘制矩形，制作出如图 2-30 所示的笔帽与笔筒分界线。

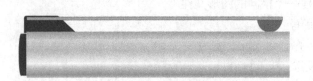

图2-29 制作的笔帽图形　　　　　　　　　图2-30 制作的分界线

STEP 7 按 Ctrl+I 组合键，将教学辅助资料中"图库\项目二"目录下名为"标志组合.cdr"的图形导入，然后将其颜色修改为黑色，调整大小后放置到如图 2-31 所示的位置。

图2-31 标志组合调整后的大小及位置

STEP 8 双击 工具将礼品笔全部选中，然后向下移动复制，再将复制出的礼品笔上的标志组合向右移动位置，即可完成礼品笔的设计。

STEP 9 按 Ctrl+S 组合键，将此文件命名为"礼品笔.cdr"保存。

（二）光盘设计

接下来，设计企业光盘效果。

【步骤图解】

光盘的设计过程示意图如图 2-32 所示。

① 绘制圆形，然后依次缩小复制并结合　　② 置入图片并添加企业标志，即可完成光盘的绘制

图2-32 光盘的设计过程示意图

【设计思路】

此款光盘的设计非常简洁，由于是电子企业，所以只选用了一幅与企业相关的图片作为盘符画面，然后添加上企业标志组合即可。

【步骤解析】

STEP 1 按 Ctrl+N 组合键，新建一个图形文件。

STEP 2 选择 ⚪ 工具，按住 Ctrl 键拖曳鼠标绘制圆形。

STEP 3 按住 Shift 键，将鼠标光标放置到选择图形右上角的控制点上，当鼠标光标显示为 ✖ 形状时，按下鼠标左键并向左下方拖曳将图形缩小。

STEP 4 至如图 2-33 所示的状态时，在不释放鼠标左键的情况下单击鼠标右键，即可以中心等比例缩小并复制一个圆形，如图 2-34 所示。

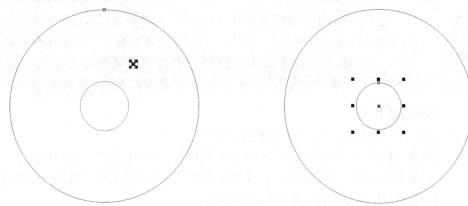

图2-33 缩小图形状态　　　　　　　　　　图2-34 缩小复制出的图形

STEP 5 用与步骤 3~步骤 4 相同的缩小复制图形方法，将图形再次缩小复制，效果如图 2-35 所示。

STEP 6 按住 Shift 键单击最大的圆形，将其与最小的图形同时选择，单击属性栏中的 ▣ 按钮，将两个图形结合。

【知识链接】

- 单击【结合】按钮 🗗 或执行【排列】/【结合】命令（快捷键为 $\boxed{\text{Ctrl}}$+$\boxed{\text{L}}$ 组合键），可将选择的图形结合为一个整体。

- 单击【群组】按钮 🔢 或执行【排列】/【群组】命令（快捷键为 $\boxed{\text{Ctrl}}$+$\boxed{\text{G}}$ 组合键），也可将选择的图形组合为一个整体。

【群组】和【结合】命令都是将多个图形合并为一个整体图形的命令，但两者组合后的图形有所不同。【群组】命令只是将图形简单地组合到一起，以方便选择和移动等操作，图形本身的形状和样式并不会发生变化；【结合】命令是将图形链接为一个整体，其所有的属性都会发生变化，并且图形和图形的重叠部分将会成为透空状态。

STEP 7 为结合后的图形填充白色，并将外轮廓的颜色设置为"20%黑"。

STEP 8 选择【轮廓笔】工具 🖊，在弹出的【轮廓笔】对话框中设置各选项如图 2-36 所示。

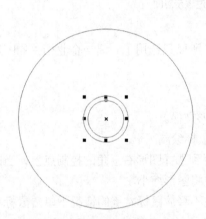

图2-35 再次缩小复制出的图形

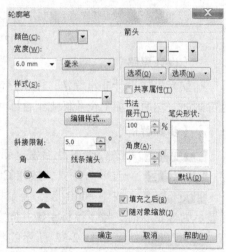

图2-36 【轮廓笔】对话框

 知识提示　此处设置的轮廓宽度参数只作为参考，读者在实际操作过程中要根据自己绘制图形的大小来设置。另外，在设置轮廓宽度时，可单击属性栏中的 🖊 细线 选项，在弹出的下拉列表中选择需要的轮廓宽度，也可将 🖊 细线 文本框中的文字选中，然后输入想要设置的轮廓宽度。

【知识链接】

【轮廓笔】对话框中右下角两个选项的含义分别如下。

- 【填充之后】：可以将图形的外轮廓放在图形填充颜色的后面。默认情况下，图形的外轮廓位于填充颜色的前面，这样可以使整个外轮廓处于可见状态，勾选此复选项后，该外轮廓的宽度将只有 50%是可见的。

- 【随对象缩放】：默认情况下，在缩放图形时，图形的外轮廓不与图形一起缩放。勾选此复选项后，在缩放图形时外轮廓将随图形一起缩放。

STEP 9 单击 确定 按钮，图形设置外轮廓后的效果如图 2-37 所示。

STEP 10 选择中间的圆形，然后将轮廓颜色设置为"10%黑"，并设置粗一些的轮廓宽度，效果如图 2-38 所示。

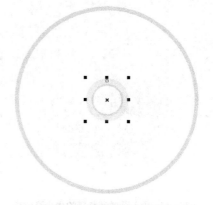

图2-37 设置外轮廓后的效果　　　　　　　　　图2-38 调整后的图形形态

STEP 11　　执行【排列】/【将轮廓转换为对象】命令，将轮廓转换为图形，然后为其添加"50%黑"的外轮廓，使中间的图形显示出立体效果，如图 2-39 所示。

STEP 12　　按 Ctrl+I 组合键，将教学辅助资料中"图库\项目二"目录下名为"电子.jpg"的图像导入。

STEP 13　　将鼠标光标移动到导入的图像上按下鼠标右键，然后向结合图形中拖曳，状态如图 2-40 所示。

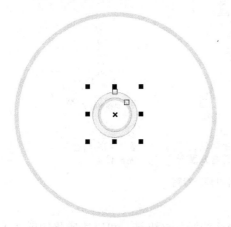

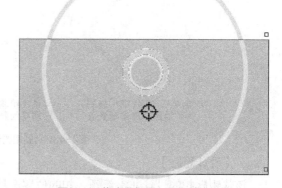

图2-39 处理后的图像效果　　　　　　　　　图2-40 拖曳鼠标置入图像时的状态

STEP 14　　释放鼠标，在弹出的右键菜单中选择【图框精确剪裁内部】命令，即可将导入的图像置入结合图形中。

STEP 15　　单击下方生成按钮组左侧的 按钮，进入编辑模式，然后将图片调整至如图 2-41 所示的大小及位置，再单击下方的 按钮，即可完成置入操作。

STEP 16　　按 Ctrl+I 组合键，将教学辅助资料中"图库\项目二"目录下名为"标志组合.cdr"的图形导入。

STEP 17　　按 Ctrl+U 组合键，将复制出的图形的群组取消，然后利用 工具将标志图形选中，并调整至文字上方的中间位置。

STEP 18　　将调整位置后的标志组合图形选中，调整大小后放置到如图 2-42 所示的位置，即可完成光盘的绘制。

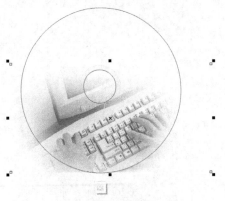

图2-41 导入图像调整后的大小及位置　　　　　　图2-42 标志组合放置的位置

STEP 19 按 Ctrl+S 组合键，将此文件命名为"光盘.cdr"保存。

（三）钥匙扣设计

下面来制作钥匙扣图形。

【步骤图解】

钥匙扣的设计过程示意图如图 2-43 所示。

① 绘制矩形，依次缩小复制
然后结合并填充渐变色

② 依次绘制图形并结合，
即可绘制出钥匙扣图形

③ 置入标志组合，
完成设计

图2-43 钥匙扣的设计过程示意图

【设计思路】

该款钥匙扣的设计非常新颖，扣的位置选用简捷的插入口设计，可以快速将钥匙塞入；添加的一段金属链，可以使钥匙与钥匙扣非常灵活地结合与分离。另外，选用金属材质，更显示出该产品的坚固性。

【步骤解析】

STEP 1 按 Ctrl+N 组合键，新建一个图形文件。

STEP 2 选择 ▢ 工具，按住 Ctrl 键绘制正方形，然后将属性栏中的参数都设置为"4.0 mm"，将正方形调整为圆角矩形。

> 🔒 知识提示
>
> 此处设置的参数要根据读者绘制图形的大小来设置。注意，当中间的【同时编辑所有角】按钮显示为 🔓 状态时，设置其中的一个数值，其他 3 个数值也会随之改变；如显示为 🔒 状态，可以为每个边角设置不同的圆滑度。

STEP 3 将属性栏中 ⟲ 45.0 的参数设置为"45.0"，然后用等比例缩小复制的方法，依次缩小复制出两个圆角矩形，如图 2-44 所示。

STEP 4 选择外侧两个图形，按 $\boxed{Ctrl}$+$\boxed{L}$ 组合键结合，然后选择 ■工具，弹出【渐变填充】对话框，设置各选项及参数如图 2-45 所示。

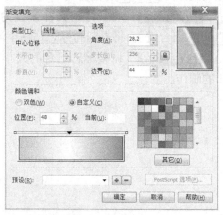

图2-44 依次缩小复制出的图形　　　　　　图2-45 设置的渐变颜色

STEP 5 单击 确定 按钮，填充渐变色后的图形效果如图 2-46 所示。

STEP 6 用与上面相同的方法，制作出如图 2-47 所示的圆环图形，然后将其与外侧的结合图形同时选择，单击属性栏中的 ■按钮将选择的两个图形合并，合并后的图形形态如图 2-48 所示。

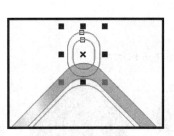

图2-46 填充渐变色后的图形效果　　图2-47 绘制的圆环图形　　　　图2-48 合并后的效果

STEP 7 利用 ○工具及缩小复制操作绘制一个圆环，然后为其填充渐变色，再利用 □工具在如图 2-49 所示的位置绘制圆角矩形。

STEP 8 同时选择圆角矩形与圆环图形，单击属性栏中的【修剪】按钮 ■进行修剪操作，然后将圆角矩形移动到如图 2-50 所示的位置。

STEP 9 同时选择圆角矩形与圆环图形，单击属性栏中的【合并】按钮 ■将其焊接，然后利用 ⬚工具对焊接后的图形形态进行调整，调整后的图形形态如图 2-51 所示。

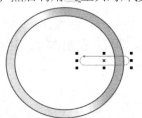

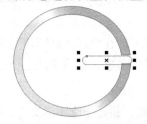

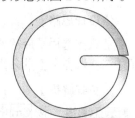

图2-49 绘制的圆角矩形　　　图2-50 图形调整后的位置　　　图2-51 调整后的图形形态

STEP 10 用与以上相同的绘制方法及移动复制操作，制作出如图 2-52 所示的金属链图形。

STEP 11 打开"光盘.cdr"文件，选择标志组合图形，执行【编辑】/【复制】命令（快捷键为 Ctrl+C 组合键）。

STEP 12 将新建的文件设置为工作状态，执行【编辑】/【粘贴】命令（快捷键为 Ctrl+V 组合键），将复制的标志粘贴至当前页面中。

STEP 13 调整标志组合的大小，然后放置到如图 2-53 所示的位置，即可完成钥匙扣的制作。

图2-52　制作的金属链

图2-53　标志组合放置的位置

STEP 14 按 Ctrl+S 组合键，将此文件命名为"钥匙扣.cdr"保存。

（四） 气球绘制

最后来看一下气球的绘制方法。

【步骤图解】

气球的设计过程示意图如图 2-54 所示。

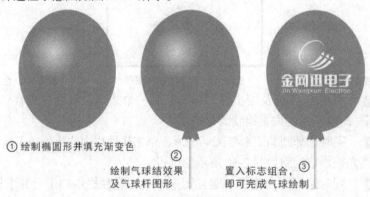

① 绘制椭圆形并填充渐变色

② 绘制气球结果及气球杆图形

③ 置入标志组合，即可完成气球绘制

图2-54　气球的设计过程示意图

【设计思路】

企业气球选用了最常见的样式，即在气球上面印制上企业 logo 即可。在制作时，主要运用了【渐变填充】工具来体现气球的质感，最后添加上企业标志即可。

【步骤解析】

STEP 1 按 Ctrl+N 组合键，新建一个图形文件。

STEP 2 利用〇工具绘制椭圆形，然后为其填充如图 2-55 所示的渐变色，去除外轮廓后的效果如图 2-56 所示。

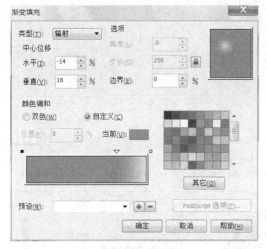

图2-55 设置的渐变色

图2-56 填充后的效果

STEP 3 利用 、 及 和 工具，在椭圆形下方依次绘制出如图 2-57 所示的气球结和气球杆图形。

STEP 4 复制"钥匙扣.cdr"文件中的标志组合，然后将其颜色修改为白色，并调整大小后放置到如图 2-58 所示的位置，即可完成气球的绘制。

图2-57 绘制的图形

图2-58 添加的标志

STEP 5 按 Ctrl+S 组合键，将此文件命名为"气球.cdr"保存。

任务三 企业服装设计

在 CIS 活动中，企业服装的视觉宣传作用是不可忽视的。企业服装对内有激发员工注意自己的整体形象、塑造本企业在 CIS 活动中统一的参与意识的作用，对外则是宣传企业形象的重要工具。本任务将设计两款企业夏服的效果图。

【步骤图解】

企业服装设计的制作过程示意图如图 2-59 所示。

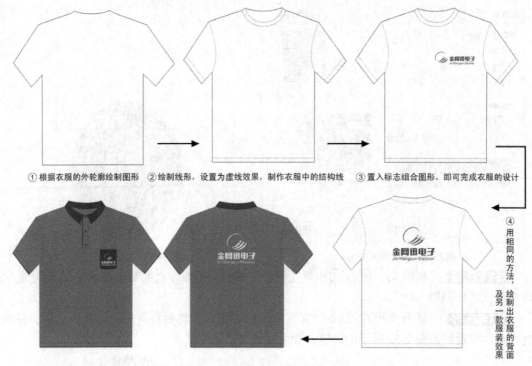

① 根据衣服的外轮廓绘制图形　② 绘制线形，设置为虚线效果，制作衣服中的结构线　③ 置入标志组合图形，即可完成衣服的设计

④ 用相同的方法，绘制出衣服的背面及另一款服装效果

图2-59　服装设计的制作过程示意图

【设计思路】

这是两款标准的企业员工夏装 T 恤。在左胸前的口袋位置放置了企业标志，其中一款采用黑白对比色，醒目突出；在 T 恤后背也放置了标志，体现了企业员工的整体形象。

【步骤解析】

STEP 1　　新建一个图形文件，然后选择 □ 工具，在属性栏中设置 ⬚ .176 mm ▾ 选项的参数为 ".176 mm"，在弹出的【轮廓笔】对话框中单击 确定 按钮，将轮廓笔的默认宽度设置为 "0.176 mm"。

> 🔒 知识提示　　当需要为大多数的图形应用相同的轮廓属性时，更改轮廓的默认属性可以大大提高工作效率。另外，读者绘制的图形如果过大或过小，可根据实际情况设置【轮廓宽度】的参数。

STEP 2　　利用 ◣ 工具，依次单击绘制如图 2-60 所示的轮廓图形。

STEP 3　　选择 ◣ 工具，框选图 2-61 所示的节点，然后单击属性栏中的 ◪ 按钮，将选择的线段转换为曲线。

【知识链接】

单击 ◪ 按钮，可以将当前选择的直线转换为曲线，从而进行弧形的调整。其转换方法具体分为以下两种。

图2-60　绘制出的图形

- 当选择直线图形中的一个节点时，单击  按钮，在被选择的节点逆时针方向的线段上将出现两条控制柄，通过调整控制柄的长度和斜率，可以调整曲线的形状。
- 将图形中所有的节点选择后，单击属性栏中的 按钮，则使整个图形的所有节点转换为曲线，将鼠标光标放置在任意边的轮廓上拖曳鼠标，即可对图形进行调整。

STEP 4 　　将鼠标光标放置到所选线段的中间位置，按住鼠标左键并向下拖曳，将线段调整为曲线，状态如图 2-62 所示。

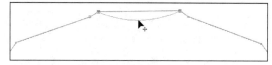

图2-61　框选的节点　　　　　　　　　　　　　图2-62　调整线形时的状态

STEP 5 　　为调整后的图形填充白色，然后按 Esc 键，取消对图形的选择。

STEP 6 　　选择【轮廓笔】工具 ，在弹出的【更改文档默认值】对话框中单击 确定 按钮，在再次弹出的【轮廓笔】对话框中设置各选项及参数如图 2-63 所示，其中轮廓颜色为"40%黑"，然后单击 确定 按钮。

STEP 7 　　用与步骤 2～步骤 4 相同的方法，利用 工具和 工具，依次绘制并调整如图 2-64 所示的虚线。

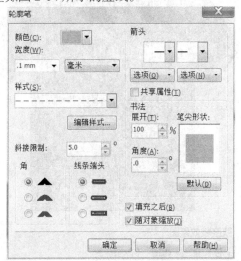

图2-63　【轮廓笔】对话框参数设置　　　　　　图2-64　绘制并调整好的虚线

STEP 8 　　按 Ctrl+I 组合键，将教学辅助资料中"图库\项目二"目录下名为"标志组合.cdr"的图形导入，调整大小后放置到如图 2-65 所示的位置，即可完成衣服的设计。

STEP 9 　　将绘制的衣服图形全部选择并向右移动复制，然后对衣领处的线形进行调整，绘制出衣服的背面图形。

STEP 10 　　选择标志组合图形，按 Ctrl+U 组合键，将图形的群组取消，然后利用 工具将标志图形选中，并调整至文字上方的中间位置。

STEP 11 　　将调整位置后的标志组合图形选中，调整大小后放置到如图 2-66 所示的位置。

图2-65　标志图形放置的位置　　　　　　　图2-66　调整后的标志组合图形

STEP 12　用相同的绘制方法，绘制出另一款夏装图形，效果如图 2-67 所示。

图2-67　绘制的另一款服装效果图

STEP 13　按 Ctrl+S 组合键，将此文件命名为"服装.cdr"保存。

任务四　企业指示牌设计

企业指示牌是指引性和标识性的企业符号，一般安置在企业的大门旁、路口、店面或展示厅的大门前等地方，因而是第一个能使大众接触到的企业形象。很多企业都非常重视企业指示牌的设计。

【步骤图解】

指示牌的制作过程示意图如图 2-68 所示。

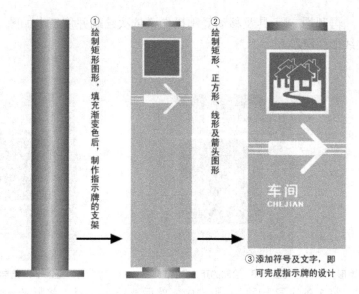

① 绘制矩形图形，填充渐变色后，制作指示牌的支架

② 绘制矩形、正方形、线形及箭头图形

③添加符号及文字，即可完成指示牌的设计

图2-68　指示牌的制作过程示意图

【设计思路】

在设计企业指示牌时，其上的信息要明确、醒目，即指向的位置及地点名称要明确标明且让路人一眼就能看到，这样才能起到指示的作用。另外，同一个企业的指示牌，尽量选用统一的样式，否则会使人产生一种混乱的感觉。

【步骤解析】

STEP 1　　新建一个横向的图形文件，然后利用 ▢ 工具依次绘制出如图 2-69 所示的矩形。

STEP 2　　将绘制的两个矩形同时选中，然后选择 ▇ 工具，弹出【渐变填充】对话框，设置渐变颜色，如图 2-70 所示。

STEP 3　　单击 确定 按钮，为选择的图形填充设置的渐变色，然后去除图形的外轮廓线，效果如图 2-71 所示。

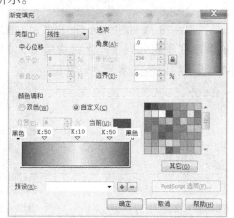

图2-69　绘制的矩形　　　　图2-70　【渐变填充】对话框参数设置　　　　图2-71　填充渐变色后的效果

STEP 4　　继续利用 ▢ 工具，绘制出如图 2-72 所示的桃黄色（M:40,Y:60）、无轮廓的矩形，然后在矩形的上方位置绘制出如图 2-73 所示的填充色为天蓝色（C:100,M:20），轮廓为白色的正方形。

STEP 5 再利用□工具及移动复制操作，依次绘制并复制出如图 2-74 所示的白色、无外轮廓的线形和矩形。

图2-72 绘制的矩形　　　图2-73 绘制的正方形图形　　　图2-74 绘制的矩形

STEP 6 将 3 条线形上面的矩形选中，然后选择⬡工具，将鼠标光标移动到右上角的选择控制点上，按下鼠标左键并向左拖曳，可将矩形快速调整为圆角矩形，形态如图 2-75 所示。

知识提示　　　将直角矩形调整为圆角矩形的方法，除了利用属性栏的【圆角半径】选项外，还可利用⬡工具。在实际工作过程中，如矩形的圆角没有具体的数值要求，可利用此方法来快速调整。

STEP 7 将调整后的图形复制，并将复制的图形缩小调整至如图 2-76 所示的大小，然后将属性栏中⟳45.0°选项的参数设置为"45.0"，并将旋转后的图形调整至图 2-77 所示的位置。

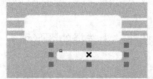

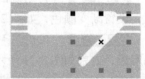

图2-75 调整后的图形形态　　　图2-76 复制图形缩小后的形态　　　图2-77 图形旋转后放置的位置

STEP 8 将旋转后的图形在垂直方向上向上镜像复制，如图 2-78 所示，然后利用字工具，在其下方输入图 2-79 所示的白色文字及拼音字母。

图2-78 镜像复制出的图形　　　图2-79 输入的文字

知识提示　　　在项目一中我们已经了解了水平镜像复制图形的方法，此处垂直镜像复制图形的操作为：按住 Ctrl 键，将鼠标光标放置到选择图形上方中间或下方中间的控制点上，按下鼠标左键并向下或向上拖曳，至合适位置后，在不释放鼠标左键的情况下单击鼠标右键即可。

STEP 9 执行【文本】/【插入符号字符】命令，在弹出的【插入字符】面板中分别选择如图 2-80 所示的【字体】和符号图形，然后单击 插入(I) 按钮，将选择的符号图形插入页面中。

知识提示 在弹出的【插入字符】对话框中，要先选择【字体】选项，才能选择需要的字符。另外，将鼠标光标放置到选择的符号图形上按下鼠标左键并向页面中拖曳，也可将选择的符号图形插入页面中。

STEP 10 为插入的符号图形填充白色并去除外轮廓，然后缩小至合适的大小后移动到如图 2-81 所示的位置。

图2-80 【插入字符】面板　　　　　　　　　图2-81 字符图形调整后的大小及位置

至此，车间指示牌就设计完成了，整体效果如图 2-82 所示。

STEP 11 用与绘制车间指示牌相同的方法，依次绘制出会所和停车场的指示牌，如图 2-83 所示。

图2-82 设计完成的车间指示牌　　　　　　　　图2-83 设计完成的指示牌

STEP 12 按 Ctrl +S 组合键，将此文件命名为"指示牌.cdr"保存。

项目实训

参考本项目范例任务的操作过程，请读者设计下面的文件夹、档案袋、礼品伞、导向牌及交通工具。

实训一 文件夹和档案袋设计

要求：利用【贝塞尔】工具、【形状】工具、【文本】工具、【椭圆形】工具、【手绘】工具以及【图框精确剪裁】命令，设计如图 2-84 所示的文件夹和档案袋。

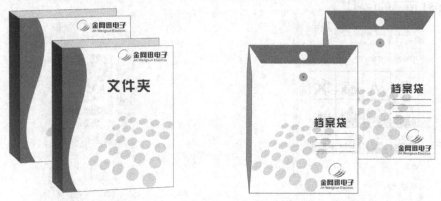

图2-84 设计完成的文件夹和档案袋

【步骤图解】

文件夹的绘制过程示意图如图 2-85 所示。

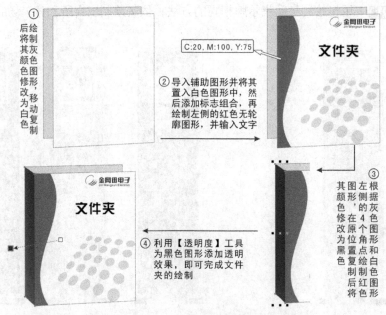

① 后绘制其灰色图形，移动复制将其颜色修改为白色

C:20, M:100, Y:75
② 导入辅助图形并将其置入白色图形中，然后添加标志组合，再绘制左侧的红色无轮廓图形，并输入文字

③ 根据左侧的灰色图形和红色图形，在 4 个原位置复制后将其图形颜色修改为黑色

④ 利用【透明度】工具为黑色图形添加透明效果，即可完成文件夹的绘制

图2-85 文件夹的绘制过程示意图

实训二 礼品伞设计

要求：利用【手绘】工具、【多边形】工具、【形状】工具和【智能填充】工具，设计制作如图 2-86 所示的礼品伞。

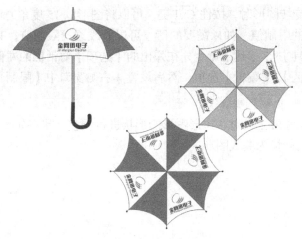

图2-86 设计完成的礼品伞

【设计思路】

太阳伞是企业文化宣传的组成部分。该太阳伞采用蓝白、红白以及橙白的交错色块来进行表现，视觉冲击力强，并在白色部分放置了企业标志，极具视觉宣传效果。

【步骤解析】

STEP 1 选择 ◯ 工具，将属性栏中的 ◇8 ⬍ 选项设置为 "8"，然后按住 Ctrl 键，在绘图窗口中拖曳鼠标，绘制八边形图形，并为其填充白色。

STEP 2 选择 🖊 工具，按住 Ctrl 键，在八边形的中心位置绘制一条水平直线，然后设置其轮廓属性，如图 2-87 所示。设置轮廓属性后的直线效果如图 2-88 所示。

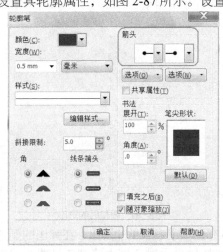

图2-87 【轮廓笔】对话框参数设置

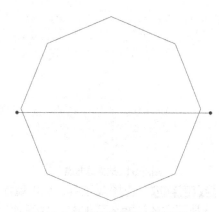

图2-88 设置轮廓属性后的直线效果

STEP 3 将八边形图形和直线全部选中，分别按键盘中的 C 和 E 键，将其以水平中心和垂直中心对齐。

STEP 4 选择直线，并在其上再次单击，使其显示出旋转和扭曲符号，将鼠标光标移动到右上角的旋转符号上，当鼠标光标显示为旋转图标时，按住 Ctrl 键向右下方拖曳。

STEP 5 当线形依次跳跃 3 次时，在不释放鼠标左键的情况下，单击鼠标右键，旋转复制图形，然后按 Ctrl+R 组合键，重复旋转复制图形，效果如图 2-89 所示。

在旋转图形时，按住 Ctrl 键，可以将图形以 15 度角的倍数进行旋转，这是默认的限制值。如果需要的话，可以修改这一限制值，其具体操作为：执行【工具】/【选项】命令，在弹出的【选项】对话框的左侧窗口中依次选择【工作区】/【编辑】选项，然后设置其右侧窗口中【限制角度】选项的参数即可。

STEP 6 利用 工具对八边形图形的形状进行调整，状态如图 2-90 所示，然后按 Ctrl+Q 组合键，将其转换为曲线图形。

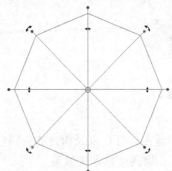

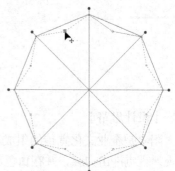

图2-89 旋转复制出的直线 　　　　　图2-90 调整图形时的状态

STEP 7 双击 工具图标，将八边形图形中的节点全部选中，然后单击属性栏中的 按钮，将选择的线段转换为具有曲线的可编辑性质。

STEP 8 按住 Shift 键，利用 工具依次选择图 2-91 所示的八边形图形中的节点。

STEP 9 单击属性栏中的 按钮，将选择的节点转换为对称节点，然后将图形调整至如图 2-92 所示的形态。

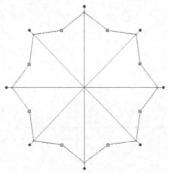

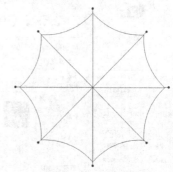

图2-91 选择的节点 　　　　　图2-92 调整后的形态

STEP 10 选择 工具，单击属性栏中【填充选项】右侧的 按钮，在弹出的颜色列表中选择下方的 更多(O)... 按钮，在再次弹出的【选择颜色】对话框中将颜色设置为深红色（C:20,M:100,Y:75）。

STEP 11 依次在需要填色的图形中单击，为图形填充设置的颜色，效果如图 2-93 所示。

STEP 12 在前面制作的文件中复制一组竖向组合的标志图形，然后调整大小及角度，再依次旋转复制，即可完成礼品伞的绘制，如图 2-94 所示。

STEP 13 将绘制的礼品伞图形全部选择并复制一组，然后选择填充为深红色的图形，并将其颜色修改为桃黄色（M:40,Y:60）。

STEP 14　灵活运用各种绘图工具再绘制出另一种形式的礼品伞，效果如图 2-95 所示。

图2-93　填充颜色后的效果　　　　图2-94　绘制完成的礼品伞　　　　图2-95　绘制另一种形式的礼品伞

实训三　导向牌设计

要求：利用【贝塞尔】工具、【形状】工具、【矩形】工具、【箭头形状】工具以及各种复制图形的操作方法和【添加透视】命令，设计制作如图 2-96 所示的立体导向牌。

图2-96　设计的立体导向牌效果

【步骤图解】

STEP 1　利用 工具依次绘制出导向牌的底座图形，如图 2-97 所示。

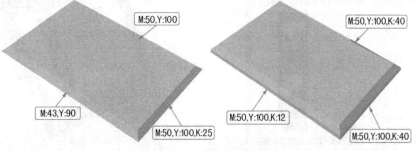

图2-97　绘制的底座图形

STEP 2 继续利用 🖊️ 工具在底座图形上依次绘制出如图 2-98 所示的图形。

STEP 3 仍利用 🖊️ 工具在底座图形上绘制出如图 2-99 所示的图形，作为指示牌的投影，颜色为黄灰色（M:50,Y:100,K:20）。

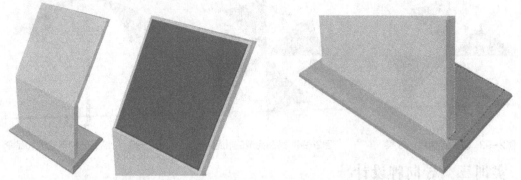

图2-98 绘制的图形   图2-99 绘制的阴影

STEP 4 利用 🔲 工具以及复制图形的方法，依次绘制并复制出如图 2-100 所示的矩形。

STEP 5 利用 ➕ 和 字 工具依次绘制并输入如图 2-101 所示的直线和文字。

STEP 6 利用 🖊️ 工具以及复制和旋转操作，依次绘制出如图 2-102 所示的箭头图形。

图2-100 绘制的矩形   图2-101 绘制的线形及输入的文   图2-102 绘制的箭头图形

STEP 7 导入教学辅助资料中"图库\项目二"目录下名为"标志组合.cdr"的图形，调整大小后放置到如图 2-103 所示的位置。

STEP 8 将标志组合的颜色修改为白色，然后将其与下方的图形同时选择，并按 Ctrl+G 组合键群组。

STEP 9 执行【效果】/【添加透视】命令，将群组图形调整至如图 2-104 所示的形态，即可完成导向牌的制作。

图2-103 标志组合放置的位置   图2-104 透视变形后的形态

实训四　交通工具设计

要求：灵活运用【图框精确剪裁】命令及【添加透视】命令来制作如图 2-105 所示的交通工具。

图2-105　设计完成的交通工具

【步骤图解】

STEP 1　按 [Ctrl]+[O] 组合键，将教学辅助资料中"图库\项目二"目录下名为"汽车.cdr"的图形文件打开，然后选择如图 2-106 所示的汽车轮廓。

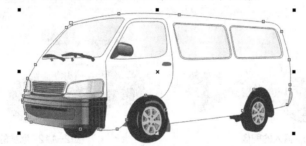

图2-106　选择的图形

STEP 2　执行【效果】/【图框精确剪裁】/【创建空 PowerClip 图文框】命令，将图形转换为图文框。

STEP 3　执行【效果】/【图框精确剪裁】/【编辑 PowerClip】命令，转换到编辑模式下，然后按 [Ctrl]+[I] 组合键，将教学辅助资料中"图库\项目二"目录下名为"底图.jpg"的图像导入。

STEP 4　利用 □ 和 ┐工具及移动复制操作，在导入图像的左上方及底部依次绘制出如图 2-107 所示的矩形及线形。

图2-107　绘制的矩形及线形

STEP 5　利用 字 工具，输入如图 2-108 所示的拼音字母。

图2-108　输入的字母

STEP 6 将当前画面中的图形全部选择并按 Ctrl+G 组合键群组，然后调整至如图 2-109 所示的形态及位置。

STEP 7 按 Ctrl+U 组合键取消图形的群组，然后选择"底图"图像，并利用 工具将其右上角的控制点向下调整，使其符合透视效果，状态如图 2-110 所示。

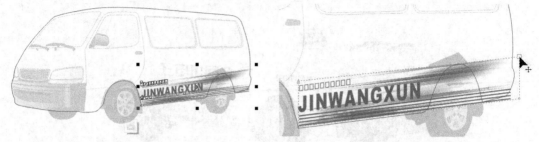

图2-109 调整后的形态及位置 　　　　　　　　图2-110 调整透视形态

STEP 8 单击 按钮，完成图形的编辑，效果如图 2-111 所示。

STEP 9 复制标志组合，将前面的标志图形选择并删除，只保留企业名称，然后利用【效果】/【添加透视】命令，根据汽车的透视形态对其进行透视调整，效果如图 2-112 所示。

图2-111 置入的图像 　　　　　　　　　图2-112 添加的企业名称

STEP 10 再次复制竖向的标志组合，调整大小后进行透视变形，即可完成交通工具的设计。

项目小结

本项目主要学习了 CIS 设计中部分应用系统的设计，包括企业办公用品、礼品、服装、指示牌以及交通工具等的设计。通过本项目的学习，希望读者在掌握软件功能的基础上，也能学会 CIS 设计的技巧，及企业标志、名称在实际设计中的灵活运用和体现，这将大大提高自身的设计能力。

思考与练习

1. 综合利用【矩形】工具、【形状】工具、【椭圆形】工具及【图框精确剪裁】命令，设计出如图 2-113 所示的工作证。

2. 综合利用【矩形】工具、【形状】工具、【椭圆形】工具、【渐变填充】工具、【封套】工具、【阴影】工具以及【图框精确剪裁】命令，设计出如图 2-114 所示的纸杯效果。

图2-113 设计完成的工作证

图2-114 设计完成的纸杯效果

3. 利用【矩形】工具、【贝塞尔】工具、【形状】工具以及【排列】/【顺序】命令设计出如图 2-115 所示的手提袋效果。

4. 利用【贝塞尔】工具、【形状】工具、【渐变填充】工具、【矩形】工具、【椭圆形】工具、【文本】工具以及各种复制图形操作，设计出如图 2-116 所示的礼品壶和水杯效果。

图2-115 设计完成的手提袋效果

图2-116 设计完成的礼品壶及水杯效果

项目三
家纺设计

PART 3

家纺产品的设计和开发离不开优秀的美工人员。家纺所涉及的产品非常广泛，例如地毯、服装、床上用品、窗帘、桌布等等都属于这个范畴。本项目以家用纺织品为例，介绍几款有关日用品的款式和图案设计，以帮助刚刚涉及这个行业的设计人员了解利用计算机进行纺织品款式和图案设计的方法。

本项目主要设计的纺织品包括被套、枕套、婴儿抱毯、婴儿饭兜及婴儿睡袋等。设计完成的各种纺织品效果如图 3-1 所示。

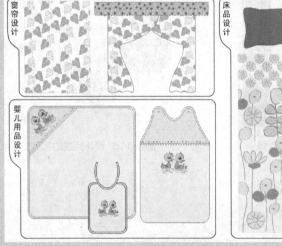

图3-1 设计的纺织品

知识技能目标

- 了解家纺设计的方法
- 学习利用【手绘】工具绘制图形的方法
- 了解【艺术笔】工具的应用
- 掌握利用【图样填充】对话框工具填充图案的方法
- 学习【智能填充】工具的应用
- 巩固学习设置默认轮廓笔的方法
- 掌握【排列】/【顺序】命令的应用
- 巩固学习修剪图形的方法

任务一 窗帘设计

本任务是设计窗帘，包括设计窗帘花布图案及绘制窗帘效果图。

【步骤图解】

窗帘绘制步骤示意图如图3-2所示。

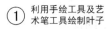

① 利用手绘工具及艺术笔工具绘制叶子

② 把叶子组合成花布图案

③ 绘制窗帘图形，填充上花布图案

图3-2 窗帘绘制步骤示意图

【设计思路】

这是一款用植物叶子为图案素材设计的窗帘产品，颜色采用了春夏交接的嫩绿色，配上秋天的金黄色叶子轮廓，色彩搭配协调有序，突出了一种浓厚的田园风情。该产品较为适合春夏客厅或卧室窗户上的悬挂。

（一） 绘制花布图案

下面先来绘制窗帘的花布图案。

【步骤解析】

STEP 1　　创建一个新的图形文件。选择 工具，在绘图窗口中按下鼠标左键并拖曳来绘制叶子图形，拖曳鼠标状态如图3-3所示。

STEP 2　　根据叶子的形状一直按住鼠标左键来绘制，当将鼠标光标移动到开始绘制的起始点时，在鼠标光标的右下角会出现一个斜箭头符号，此符号表示可以和起始点连接，如图3-4所示。

STEP 3　　释放鼠标左键后，绘制的线形即闭合成叶子轮廓图形，如图3-5所示。

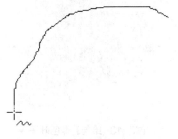
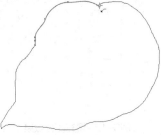
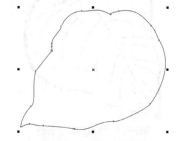

图3-3 拖曳鼠标状态　　　　图3-4 出现的连接符号　　　　图3-5 绘制的叶子轮廓

STEP 4　　利用 工具对绘制的叶子轮廓进行调整，调整成如图3-6所示的形状。

STEP 5 为图形填充灰色（C:5,M:2,Y:6）。然后执行【排列】/【转换轮廓为对象】命令，将轮廓线转换成图形对象。

STEP 6 确认绘制的图形处于选择状态，选择🖊工具，然后在属性栏中设置该工具的属性参数及艺术笔样式如图 3-7 所示。

图3-6　调整图形形状　　　　　　　　　　　　　　图3-7　设置艺术笔样式

设置艺术笔样式后生成的轮廓效果如图 3-8 所示。

STEP 7 在属性栏中设置 `1.0 mm` 参数，然后利用🖊工具在叶子上绘制出如图 3-9 所示的线条。

STEP 8 继续绘制第二条线条，作为叶子的叶脉，如图 3-10 所示。

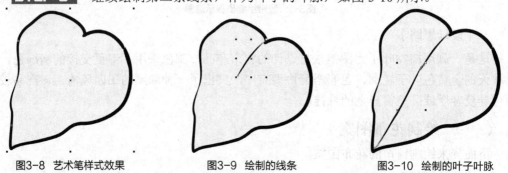

图3-8　艺术笔样式效果　　　　　图3-9　绘制的线条　　　　　图3-10　绘制的叶子叶脉

STEP 9 使用相同的绘制方法，继续绘制出叶子上的叶脉，如图 3-11 所示。

STEP 10 将绘制的叶子轮廓及叶脉全部选择，然后将其颜色修改为金黄色（C:25,M:30,Y:65,K:12），如图 3-12 所示。

STEP 11 利用🖊工具再绘制一个如图 3-13 所示的绿色（C:45,M:10,Y:65）、无外轮廓的叶子图形。

图3-11　绘制的叶子叶脉　　　　　图3-12　填充颜色效果　　　　　图3-13　绘制的绿色叶子

STEP 12 继续利用🖊工具绘制如图 3-14 所示的叶脉。

STEP 13 单击🖊工具属性栏中的【书法】按钮，设置【笔触宽度】参数为 `.762 mm`，设置【书法角度】参数为 `45.0`，然后在叶子上绘制出如图 3-15 所示的小叶脉。

STEP 14 选择所有叶脉后填充上白色，效果如图 3-16 所示。

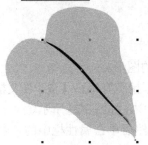

图3-14 绘制的叶脉

图3-15 绘制的小叶脉

图3-16 填充白色后的效果

STEP 15 继续利用 🔽 工具绘制如图 3-17 所示的叶茎，颜色设置为绿色（C:45,M:10,Y:65）。

STEP 16 灵活运用移动复制、镜像复制及旋转操作，将绘制完成的叶子和叶茎进行组合，组合成一串叶子，如图 3-18 所示。

STEP 17 将组合后的叶子全部选择，然后执行【排列】/【群组】命令，将叶子群组。

STEP 18 依次将叶子图形进行复制，效果如图 3-19 所示。

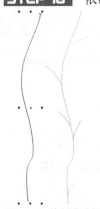

图3-17 绘制的叶茎

图3-18 组合成的一串叶子

图3-19 复制出的叶子

STEP 19 利用 🔲 工具绘制如图 3-20 所示的矩形，然后利用 🔖 工具选择四组叶子图形。

STEP 20 执行【效果】/【图框精确剪裁】/【置于图文框内部】命令，再在矩形上单击，将叶子图形置入到矩形内部。

STEP 21 将矩形的外轮廓设置为灰色（K:20），效果如图 3-21 所示。

图3-20 绘制的矩形

图3-21 置入到矩形内的叶子效果

STEP 22 至此，花布图案绘制完成。按 Ctrl+S 组合键，将此文件命名为"花布图案.cdr"保存。

（二） 绘制窗帘效果图

花布绘制完成后，下面来绘制窗帘效果图。

【步骤解析】

STEP 1 接上例。利用 和 工具绘制如图 3-22 所示的图形。

STEP 2 选择绘制的叶子图形，然后执行【效果】/【图框精确剪裁】/【置于图文框内部】命令，再在绘制的图形上单击，把叶子图形置入到窗帘图形中，如图 3-23 所示。

STEP 3 按键盘数字区的 键，将图形在原位置复制，然后单击属性栏中的 按钮，将右边的窗帘水平镜像，再移动到如图 3-24 所示的位置。

图3-22 绘制的图形　　图3-23 置入到窗帘图形内的叶子图案　　图3-24 复制出的窗帘

STEP 4 利用 工具绘制如图 3-25 所示的矩形。

STEP 5 选择 工具，设置属性栏中的参数，如图 3-26 所示。

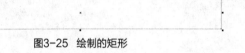

图3-25 绘制的矩形

图3-26 属性参数设置

【知识链接】

利用【粗糙笔刷】工具 可以使选择的具有曲线性质的图形边缘产生凹凸不平的锯齿效果。使用方法为：首先选择曲线图形，然后选择 工具，在属性栏中设置好笔头大小、形状及角度，再将鼠标光标移动到所选择图形的边缘拖曳鼠标，即可使图形的边缘产生凹凸不平的锯齿效果。

- 【笔尖大小】 ：设置【粗糙笔刷】的笔头大小。
- 【尖突频率】 ：设置在应用粗糙笔刷工具时，图形边缘生成锯齿的数量。参数设置范围为 1~10。数值越小，生成的锯齿越少。
- 【水份浓度】 ：设置拖曳鼠标光标时增加粗糙尖突的数量。
- 【斜移】 ：设置产生锯齿的高度，参数设置范围为 0~90。数值越小，生成锯齿的高度越高。

STEP 6 将鼠标光标移动到矩形的下方位置，按下鼠标左键并向右拖曳，制作锯齿效果，如图 3-27 所示。

图3-27 制作出的锯齿效果

STEP 7 选择◻工具，弹出【图样填充】对话框，点选【全色】选项，然后单击右侧的图样按钮，在弹出的图样列表中选择如图 3-28 所示的图样。

STEP 8 勾选对话框左下角的【将填充与对象一起缩放】命令，然后单击 确定 按钮，填充图样后的图形效果如图 3-29 所示。

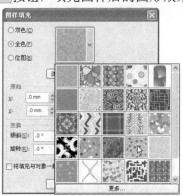

图3-28 选择图样

图3-29 填充图样后的效果

知识提示 　　此处，读者填充的图样效果可能会与本例给出的效果不一样，这是由于绘制图形的大小不一。如读者填充的图样效果太大，可适当调整【图样填充】对话框中的【大小】选项。

STEP 9 至此，窗帘效果图绘制完成。执行【文件】/【另存为】命令，将此文件另命名为"窗帘.cdr"保存。

【知识链接】

利用【图样填充】工具可以为图形填充"双色"、"全色"和"位图" 3 种类型的图案。"双色图样"填充可以使用重复的花纹设置两种颜色后得到图案平铺排列的效果；"全色图样"可以填充类似矢量性质的具有重复排列的色彩花纹；"位图图样"可以用位图作为一种填充颜色来填充图形。

对话框中各选项的功能如下。

- 【原始】包括【X】（水平）和【Y】（垂直）两个文本框，可以设置填充图样中心相对于绘图页面的水平和垂直距离。
- 【大小】包括【宽度】和【高度】两个文本框，用来设置图样的大小。
- 【变换】包括【倾斜】和【旋转】两个文本框，可以设置填充图案的倾斜或旋转角度。
- 【行或列位移】包括【行】和【列】两个单选项。点选【行】单选项，并在下面的文本框中输入偏移的百分比数值，可以设置填充图案沿水平方向偏移；点选【列】单选项，并在下面的文本框中输入偏移的百分比数值，可以设置填充图案沿垂直方向偏移。
- 【将填充与对象一起变换】：勾选此项，可以在旋转、倾斜或拉伸图形时，使填充的图样与图形一起变换。
- 【镜像填充】：可以为填充的图样设置镜像效果。

任务二　床品设计

本任务来设计床上用品，包括被套和枕头。

（一）设计被套

首先来设计被套。

【步骤图解】

被套的设计绘制过程示意图如图 3-30 所示。

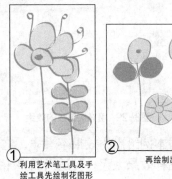
① 利用艺术笔工具及手绘工具先绘制花图形

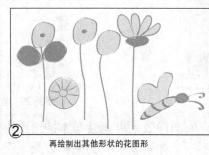
② 再绘制出其他形状的花图形

③ 把绘制的图形进行组合排列，制作出被套效果

图3-30　被套设计绘制过程示意图

【设计思路】

这是一个个性鲜明，卡通形象突出的被套设计产品，较为适合儿童及青少年使用。该被套运用花卉、叶子及昆虫的变形来进行设计，颜色采用蓝绿调的色彩，营造了一种有趣、温馨的画面，能够给儿童或青少年留下深刻的印象，使之喜欢上该产品。

【步骤解析】

STEP 1　　新建一个图形文件。选择 🖋 工具，在属性栏中设置选项和参数如图 3-31 所示。

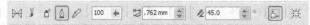

图3-31　【艺术笔】工具属性设置

STEP 2　　在绘图窗口中按下鼠标左键拖曳绘制出如图 3-32 所示的图形。

STEP 3　　继续利用 🖋 工具绘制出如图 3-33 所示的图形。

图3-32　绘制的图形

图3-33　绘制的图形

STEP 4　　选择绘制的图形后填充上黄绿色（C:50,M:40,Y:93）。

STEP 5　　选择 〰 工具，在属性栏中设置手绘平滑度参数为 80 ，然后按下鼠标左键拖曳绘制出如图 3-34 所示的图形。

知识提示 在【手绘平滑】选项右侧的文本框中输入数值或单击右侧的 + 按钮并拖曳弹出的滑块，可以设置绘制轮廓线的平滑程度。数值越小，绘制的图形边缘越不光滑；数值越大，绘制的图形边缘越光滑。

STEP 6 给图形填充上黄色（C:13, Y:64），然后把图形的轮廓线去除，如图 3-35 所示。

STEP 7 执行【排列】/【顺序】/【到图层后面】命令，把图形调整到轮廓图形的后面，如图 3-36 所示。

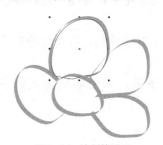

图3-34 绘制的图形

图3-35 填充颜色效果

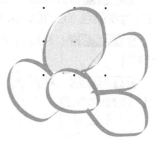

图3-36 把图形调整到后面位置

【知识链接】

当绘制的图形重叠时，后绘制的图形将覆盖先绘制的图形。利用菜单栏中的【排列】/【顺序】命令，可以将图形之间的堆叠顺序重新排列。

- 【到页面前面】和【到页面后面】命令：可以将选择的图形移动到当前页面所有图形的前面或后面，快捷键分别为 Ctrl+Home 组合键和 Ctrl+End 组合键。
- 【到图层前面】和【到图层后面】命令：可以将选择的图形调整到当前层所有图形的上面或下面，快捷键分别为 Shift+PgUp 组合键和 Shift+PgDn 组合键。

知识提示 如果当前文件只有一个图层，选择【到页面前面（或后面）】命令与【到图层前面（或后面）】命令功能相同；但如果有很多个图层，【到页面前面（或后面）】命令可以将选择的图形移动到所有图层图形的前面或后面，而【到图层前面（或后面）】命令只能将选择的图形移动到当前层所有图形的前面或后面。

- 【向前一位】和【向后一位】命令：可以将选择的图形向前或向后移动一个位置，快捷键分别为 Ctrl+PgUp 组合键和 Ctrl+PgDn 组合键。
- 【置于此对象前】命令：可将所选的图形移动到指定图形的前面。
- 【置于此对象后】命令：可将所选的图形移动到指定图形的后面。
- 【逆序】命令：可将选择的一组图形的堆叠顺序反方向颠倒排列。

STEP 8 继续利用 工具及【排列】/【顺序】/【到图层后面】命令依次绘制出如图 3-37 所示的图形。

STEP 9 使用相同的绘制方法，在中心位置绘制一个蓝色的（C:20,M:5）图形，如图 3-38 所示。

图3-37 绘制的图形

图3-38 绘制的图形

STEP 10 利用🖊️工具依次绘制出如图 3-39 所示的花蕊、花须及花茎图形，颜色填充为黄绿色（C:50,M:40,Y:93）。

STEP 11 利用🖊️和🖌️工具，再绘制出如图 3-40 所示的叶子图形，注意堆叠顺序的调整。

STEP 12 利用🖊️工具绘制出如图 3-41 所示的昆虫图形，颜色填充为黄绿色（C:50,M:40,Y:93）。

图3-39 绘制的图形

图3-40 绘制的图形

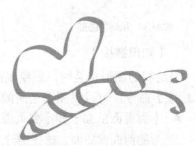
图3-41 绘制的昆虫图形

STEP 13 选择🖌️工具，在属性栏中设置选项和参数如图 3-42 所示。【填充选项】右侧色块的颜色为黄绿色（C:13, Y:64）。

| 填充选项: | 指定 | ▼ | ▼ | 轮廓选项: | 指定 | ▼ | 无 | ▼ | ■ | ▼ |

图3-42 智能填充工具属性设置

STEP 14 在昆虫的翅膀位置单击为其填充黄色，如图 3-43 所示。

STEP 15 给昆虫的身子及头部分别填充上浅蓝色（C:50,M:40,Y:90）和蓝色（C:60,M:27,Y:3），如图 3-44 所示。

STEP 16 选择填充颜色后生成的图形，然后执行【排列】/【顺序】/【到图层后面】命令，把图形调整到轮廓图形的后面，如图 3-45 所示。

图3-43 填充颜色效果

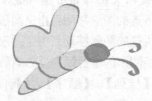
图3-44 填充颜色效果

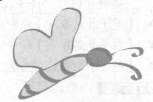
图3-45 调整图形位置

STEP 17 使用相同的绘制方法，再依次绘制出如图 3-46 所示的其他辅助图形，然后将每一组图形选择并分别群组。

STEP 18 灵活运用移动复制操作将绘制的各组图形进行组合，排列成如图 3-47 所示的效果。

图3-46 绘制的图形　　　　　　　　　　　图3-47 排列后的图形效果

STEP 19 利用 ▫ 工具根据组合后的图形绘制出如图 3-48 所示的矩形。

STEP 20 为绘制的矩形填充黄灰色（C:3,M:5,Y:10），并去除外轮廓。

STEP 21 双击 ▫ 工具，将所有图形同时选择，然后按住 Shift 键将鼠标光标移动到矩形上单击，将矩形选择取消。

STEP 22 执行【效果】/【图框精确剪裁】/【置于图文框内部】命令，然后将鼠标光标移动到矩形上单击，即可将选择的图形置入矩形中，如图 3-49 所示。

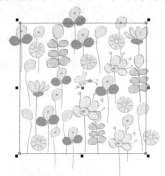

图3-48 绘制的矩形　　　　　　　　　　图3-49 放置到矩形内部的图形

STEP 23 利用 ▫ 工具在图形的上方再绘制一个矩形，然后为其填充浅黄色（Y:20）并去除外轮廓，如图 3-50 所示。

STEP 24 选择置入图形的矩形，单击其下方的 ▫ 按钮，转换到编辑模式下，然后按住 Shift 键单击左下角的圆形图案将其选择，如图 3-51 所示。

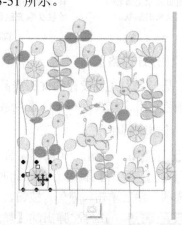

图3-50 绘制的矩形　　　　　　　　　　图3-51 选择的图案

STEP 25 按 Ctrl+C 组合键，将选择的图案复制，然后单击 ⬚ 按钮，退出编辑模式。

STEP 26 按 Ctrl+V 组合键，将复制的图案粘贴至当前页面中，然后调整至合适的大小后再依次复制，效果如图 3-52 所示。

STEP 27 将复制出的圆形图案全部选择，然后利用【效果】/【图框精确剪裁】/【置于图文框内部】命令，将其置入浅黄色的矩形中，效果如图 3-53 所示。

图3-52 复制出的图形

图3-53 放置到矩形内部的图形

STEP 28 至此，被套设计完成，按 Ctrl+S 组合键，将文件命名为"被套.cdr"保存。

（二） 设计枕头

下面来设计枕头。

【步骤图解】

枕头的设计过程示意图如图 3-54 所示。

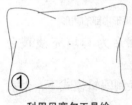
① 利用贝塞尔工具绘制出枕头的形状

② 利用智能填充工具给枕头填充颜色

③ 利用椭圆工具绘制枕头装饰边

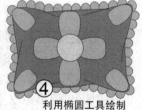
④ 利用椭圆工具绘制枕头上的装饰图形

图3-54 枕头设计过程示意图

【设计思路】

这是一款为儿童设计的枕头产品，采用了几何图形作为装饰，较为适合儿童的心理特点，颜色采用了红灰色和黄色暖色系，给儿童一种温暖舒适的感觉。

【步骤解析】

STEP 1 新建一个图形文件。

STEP 2 选择 🖊 工具，此时系统会弹出【更改文档默认值】对话框，勾选【图形】选项，然后单击 确定 按钮。

STEP 3 在再次弹出的【轮廓笔】对话框中设置选项和参数，如图 3-55 所示，单击 确定 按钮，此时就给图形设置了默认的轮廓笔。

STEP 4　　　选择 🖊 工具，绘制出如图 3-56 所示的枕头轮廓图形，注意各个线条的端点要重叠或连接，以便下面为其填充颜色。

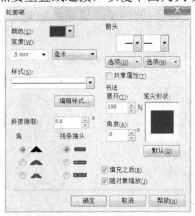

图3-55　【轮廓笔】对话框

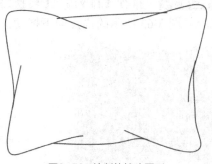

图3-56　绘制的枕头图形

STEP 5　　　选择 🖌 工具，单击属性栏中的 ■▾ 按钮，在弹出的【轮廓笔】对话框中设置颜色为红色（C:30,M:90,Y:60），然后将鼠标光标移动到图形中单击，即可为图形填充设置的颜色，如图 3-57 所示。

STEP 6　　　执行【排列】/【顺序】/【到图层后面】命令，将填充颜色的图形调整到轮廓图形的后面，如图 3-58 所示。

STEP 7　　　选择 ⬭ 工具，在枕头的左上角位置绘制一个小的红色（C:10,M:50,Y:30）圆形，如图 3-59 所示。

图3-57　填充颜色后效果

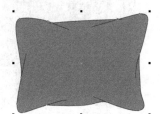

图3-58　调整图形堆叠顺序后的效果

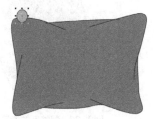

图3-59　绘制的圆形

STEP 8　　　选择小圆形，按下鼠标左键向右拖动同时单击鼠标右键，状态如图 3-60 所示。

STEP 9　　　单击鼠标右键后释放鼠标，即可移动复制出一个图形，如图 3-61 所示。

STEP 10　　　使用相同的移动复制操作，在枕头周围移动，依次复制出如图 3-62 所示的小圆形。在转角位置注意旋转下圆形的角度。

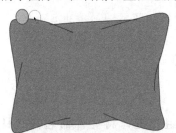

图3-60　移动复制状态

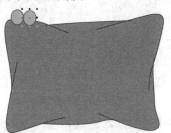

图3-61　移动复制出的圆形

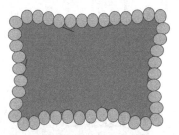

图3-62　移动复制出的圆形

STEP 11　　　按住 Shift 键，单击复制出的小圆形，将其全部选择。

STEP 12 执行【排列】/【顺序】/【到图层后面】命令，把小圆形调整到枕头的后面，如图 3-63 所示。

STEP 13 继续利用 ◎ 工具绘制出如图 3-64 所示的椭圆图形，填充的颜色为红灰色（C:10,M:50,Y:30）。

STEP 14 执行【排列】/【转换为曲线】命令，将圆形转换为曲线，然后利用 ◎ 工具选择如图 3-65 所示的锚点向下拖动。

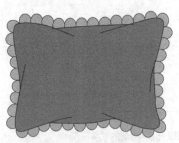
图3-63 调整图形位置

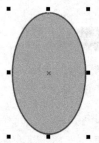
图3-64 绘制的椭圆形

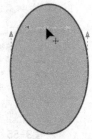
图3-65 调整图形形状

STEP 15 释放鼠标左键后，调整的图形形状如图 3-66 所示。

STEP 16 将绘制的图形调整大小及角度后放置到枕头图形的左上角位置，然后灵活运用镜像复制操作，复制出如图 3-67 所示的图形。

STEP 17 再次将红灰色图形移动复制一个，并调整其旋转角度及大小，然后灵活运用旋转复制操作复制出如图 3-68 所示的图形。

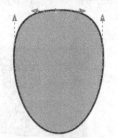
图3-66 调整后的图形形状

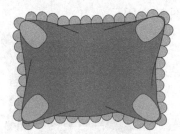
图3-67 四个角位置的图形

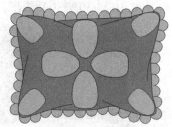
图3-68 复制的图形

STEP 18 利用 ◎ 工具在枕头图形的中心位置再绘制一个圆形，并填充上深黄色（M:20,Y:100），如图 3-69 所示。

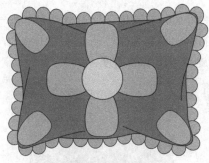
图3-69 绘制的圆形

STEP 19 至此，枕头图形绘制完成，按 Ctrl+S 组合键，将文件命名为"枕头.cdr"保存。

任务三　设计婴儿用品

本任务来设计部分婴儿用品，包括抱毯、睡袋及饭兜等。

（一）　绘制婴儿抱毯

首先来绘制婴儿抱毯。

【步骤图解】

婴儿抱毯图形的制作过程示意图如图 3-70 所示。

① 绘制圆角矩形并依次在原位置复制、以中心缩小复制，然后将复制出的两个图形结合

② 复制图形并进行切割，然后删除多余的部分，再绘制线形，制作抱毯中的"帽子"图形

③ 绘制圆形图形并依次复制，然后导入卡通图形，调整大小、角度及位置，完成抱毯的制作

图3-70　婴儿抱毯图形的制作过程示意图

【设计思路】

这是一个专为新生儿设计的抱毯。由于刚出生的婴儿视觉比较弱，色彩上不宜采用非常刺激的颜色，以免造成婴儿的恐惧。该作品以淡淡的红色为基调，在角上放置了趣味性很强的小鸭图形，颜色虽然醒目，但色块面积非常小，不会造成婴儿的视觉烦感。淡淡的红色能够给婴儿带来温暖的感觉。

【步骤解析】

STEP 1　新建一个图形文件。然后利用 □ 工具绘制一个黄灰色（C:2,M:5,Y:7）的矩形，并将属性栏中 选项的参数都设置为"12.0mm"，将矩形设置为圆角矩形，效果如图 3-71 所示。

STEP 2　选择 工具，再按键盘数字区中的 + 键，将圆角矩形在原位置复制，然后将复制的图形颜色修改为土黄色（C:4,M:7,Y:15）。

STEP 3　按住 Shift 键，将鼠标光标放置到圆角矩形右上角的控制点上，按住鼠标左键并向左下方拖曳，至适当位置时，在不释放鼠标左键的情况下单击鼠标右键，将圆角矩形以中心等比例缩小复制，其状态如图 3-72 所示。

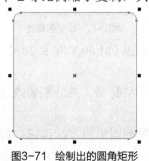

图3-71　绘制出的圆角矩形

图3-72　缩小复制图形时的状态

STEP 4 将两个土黄色的圆角矩形同时选中，然后单击属性栏中的  按钮将其结合，结合后的图形形态如图 3-73 所示。

STEP 5 选择下方的圆角矩形，按键盘数字区中的 ＋键，将其在原位置复制，并将复制的图形颜色修改为土黄色（C:4,M:7,Y:15），然后执行【排列】/【顺序】/【到图层前面】命令，将复制的圆角矩形调整到所有图形的前面。

STEP 6 在 🖊工具组中选择 🖊工具，然后将鼠标光标移动到如图 3-74 所示的边缘位置单击，再按住 Ctrl 键，移动鼠标光标到如图 3-75 所示的边缘位置再次单击，将图形分割。

图3-73 结合后的图形

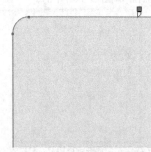

图3-74 鼠标光标放置的位置

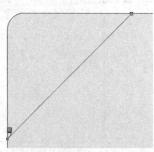

图3-75 鼠标光标移动到的位置

> **知识提示** 使用【刻刀】工具分割图形时，只有当鼠标光标显示为 🔪图标时单击图形的外边缘，然后将鼠标光标移动至图形另一端的外边缘处单击，才能分割图形。若在图形内部确定分割的第二点，则不能将图形分割。

STEP 7 选择 🔧工具，按 Delete 键，将分割后右下角的图形删除，然后将左上角的图形选中。

STEP 8 执行【排列】/【顺序】/【向后一层】命令，将选择的图形向后调整一层。调整图形顺序后的画面效果如图 3-76 所示。

STEP 9 选择 📈工具，按住 Ctrl 键绘制如图 3-77 所示的斜角为 45°的直线。

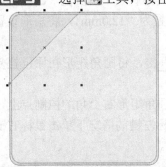

图3-76 调整图形顺序后的效果

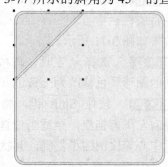

图3-77 绘制的直线

STEP 10 选择 ⬭工具，绘制一个填充色为砖红色（M:60,Y:80,K:20）、无外轮廓线的圆形。

STEP 11 将绘制的圆形在水平方向上依次向右移动复制，并分别修改复制图形的颜色，如图 3-78 所示。

STEP 12 将绘制的圆形全部选择，然后用移动复制图形的方法再依次向右移动复制，复制后的效果如图 3-79 所示。

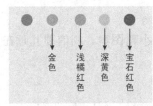

图3-78 移动复制出的圆形　　　　　　　　　图3-79 复制圆形后的效果

STEP 13 将圆形全部选中后单击属性栏中的 按钮，将其群组，再将属性栏中 的参数设置为"45.0"，然后将其调整至合适的大小，放置到如图 3-80 所示的位置。

STEP 14 按 Ctrl+I 组合键，将教学辅助资料中"图库\项目三"目录下名为"卡通图形.cdr"的图形导入。

STEP 15 将属性栏中 45.0 的参数设置为"45.0"，然后将其调整至合适的大小，放置到如图 3-81 所示的位置。

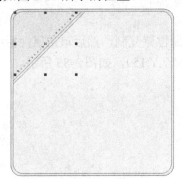

图3-80 圆形放置的位置

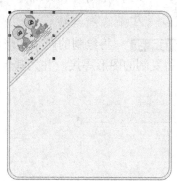

图3-81 卡通图形放置的位置

STEP 16 至此，婴儿抱毯绘制完成。按 Ctrl+S 组合键，将此文件命名为"抱毯.cdr"保存。

（二）绘制婴儿睡袋

接下来绘制婴儿睡袋。

【步骤图解】

婴儿睡袋图形的制作过程示意图如图 3-82 所示。

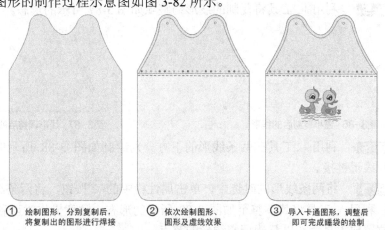

① 绘制图形，分别复制后，　② 依次绘制图形、　③ 导入卡通图形，调整后
将复制出的图形进行焊接　　圆形及虚线效果　　即可完成睡袋的绘制

图3-82 婴儿睡袋图形的制作过程示意图

【设计思路】

　　该睡袋与上面的抱毯是一个系列，采用了相同的淡红色和小鸭图案。相信婴儿睡在里面时能够感受到和睡在妈妈肚子里一样的温暖和安全。

【步骤解析】

STEP 1　　新建一个图形文件，然后利用 ▣ 工具绘制矩形，单击属性栏中的 ▣ 按钮，取消同时编辑所有角功能，然后设置【圆角半径】的参数为 .0 mm 18.0 mm ▣ .0 mm 18.0 mm，生成的图形形态如图 3-83 所示。

STEP 2　　为绘制的图形填充黄灰色（C:2,M:5,Y:7），然后利用 ✎ 工具和 ✎ 工具绘制如图 3-84 所示的线形。

> 🔒 知识提示　　在确定线形的位置时，可先将其与下方的矩形同时选中，再执行【排列】/【对齐和分布】/【垂直居中对齐】命令，将其与下方图形以中心对齐。

STEP 3　　将绘制的两个图形同时选中，并在原位置复制，然后单击属性栏中的 ▣ 按钮，将复制的图形焊接，并为其填充土黄色（C:4,M:7,Y:15），如图 3-85 所示。

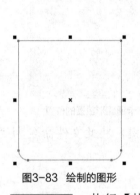

图3-83　绘制的图形

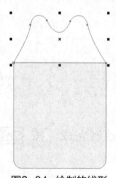

图3-84　绘制的线形

图3-85　焊接后的图形

STEP 4　　执行【排列】/【顺序】/【到图层后面】命令，将焊接后的图形调整到所有图形的后面，然后选择上方的线形，并将其以中心等比例缩小复制，效果如图 3-86 所示。

STEP 5　　利用 ✎ 工具将复制的线形调整至如图 3-87 所示的形态。

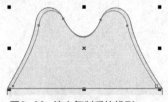

图3-86　缩小复制后的线形

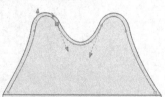

图3-87　线形调整后的形态

STEP 6　　利用 ✎ 工具在两条线形的下方分别绘制如图 3-88 所示的线形，将复制的线形与原线形链接。

STEP 7　　将两条线形同时选中，单击属性栏中的 ▣ 按钮，将两条线形焊接为一个整体。然后利用 ✎ 工具将其调整至如图 3-89 所示的形态。注意操作时可利用 🔍 工具将线形的链接位置放大显示，以精确调整线形的节点。

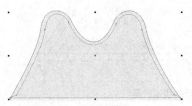

图3-88 绘制的线形

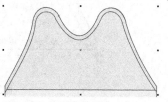

图3-89 线形调整后的形态

STEP 8 按 Ctrl+PgDn 组合键,将焊接后的线形向后移动一层,然后利用 工具及移动复制操作绘制出如图 3-90 所示的圆形。

STEP 9 利用与"绘制婴儿抱毯"中步骤 10~步骤 12 相同的方法,绘制并复制出如图 3-91 所示的圆形。

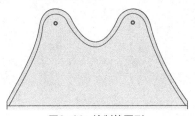

图3-90 绘制的圆形

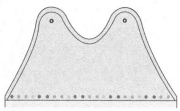

图3-91 绘制及复制出的圆形

STEP 10 选择 工具,在圆形的下方绘制出如图 3-92 所示的线形。

图3-92 绘制的线形

STEP 11 选择 工具,弹出【轮廓笔】对话框,将轮廓颜色设置为褐色(C:50,M:90,Y:100,K:10),然后设置其他选项及参数,如图 3-93 所示。

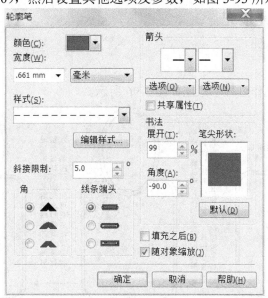

图3-93 【轮廓笔】对话框参数设置

STEP 12 单击 确定 按钮,设置轮廓属性后的线形效果如图 3-94 所示。

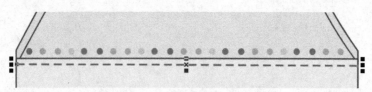

图3-94 设置轮廓属性后的线形效果

STEP 13 按 Ctrl+I 组合键，将教学辅助资料中"图库\项目三"目录下名为"卡通图形.cdr"的图形导入，然后将其调整至合适的大小，放置到到如图3-95所示的位置。

图3-95 卡通图形调整后的大小及位置

STEP 14 至此，婴儿睡袋绘制完成。按 Ctrl+S 组合键，将此文件命名为"睡袋.cdr"保存。

（三） 绘制婴儿饭兜

最后来绘制婴儿饭兜。

【步骤图解】

婴儿饭兜图形的制作过程示意图如图3-96所示。

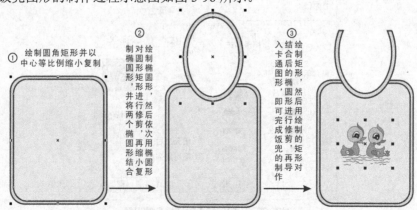

① 绘制圆角矩形并以中心等比例缩小复制

② 绘制椭圆形，然后依次用椭圆形对圆角矩形进行修剪，再缩小复制椭圆形并将两个椭圆形结合

③ 绘制矩形，然后用绘制的椭圆形进行修剪，再导入卡通图形，结合后即可完成饭兜的制作

图3-96 婴儿饭兜图形的制作过程示意图

【设计思路】

此婴儿饭兜与以上的睡袋和抱毯也同为一个系列，仍选用土黄色的色调和小鸭图案。

设计时采用了矩形，而非椭圆形，因此在使用时可以更大面积地保护婴儿的衣服，比传统的椭圆形饭兜更为实用。

【步骤解析】

STEP 1 新建一个图形文件。然后利用 ▢ 工具绘制如图 3-97 所示的土黄色（C:4,M:7,Y:15）圆角矩形。

STEP 2 用等比例缩小复制图形的方法，将圆角矩形以中心等比例缩小复制，然后将复制的图形颜色修改为黄灰色（C:2,M:5,Y:7），如图 3-98 所示。

STEP 3 选择 ○ 工具，在圆角矩形的上方绘制如图 3-99 所示的椭圆形。在调整图形的位置时，注意灵活运用【对齐】功能。

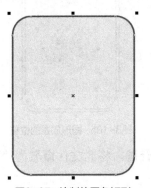
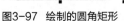

图3-97 绘制的圆角矩形

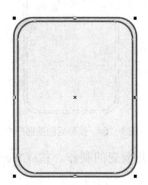

图3-98 复制出的圆角矩形

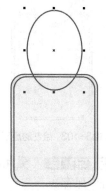

图3-99 绘制的椭圆形

STEP 4 选择 ▷ 工具，按住 Shift 键，将椭圆形与下方土黄色的圆角矩形同时选中。

STEP 5 单击属性栏中的 ⬚ 按钮，将选择的图形进行修剪，修剪后的图形形态如图 3-100 所示。

STEP 6 用与步骤 3～步骤 4 相同的方法，将椭圆形与其下方的黄灰色圆角矩形同时选中，然后对其进行修剪。

STEP 7 为椭圆形填充上土黄色（C:4,M:7,Y:15），然后用等比例缩小复制图形的方法，将椭圆形以中心等比例缩小复制，复制出的图形如图 3-101 所示。

STEP 8 利用 ▷ 工具，将两个椭圆形同时选中，然后单击属性栏中的 ⬚ 按钮，将选择的图形结合。结合后的图形形态如图 3-102 所示。

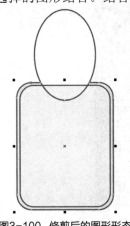

图3-100 修剪后的图形形态

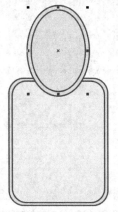

图3-101 复制出的椭圆形

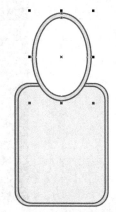

图3-102 结合后的图形形态

STEP 9 选择 ⬜ 工具，在画面中绘制如图 3-103 所示的矩形，然后利用 ⬛ 工具，将其与下方的圆环图形同时选中。

STEP 10 单击属性栏中的 ⬚ 按钮，对选择的图形进行修剪，修剪后的形态如图 3-104 所示。

STEP 11 按 Ctrl+I 组合键，将教学辅助资料中"图库\项目三"目录下名为"卡通图形.cdr"的图形导入，然后将其调整至合适的大小，放置到如图 3-105 所示的位置。

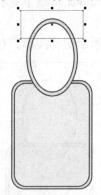

图3-103 绘制的矩形

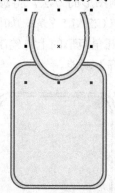

图3-104 修剪后的图形形态

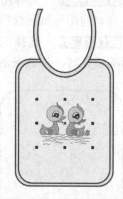

图3-105 图形放置的位置

STEP 12 至此，完成婴儿饭兜的制作。按 Ctrl+S 组合键，将此文件命名为"饭兜.cdr"保存。

项目实训

参考本项目范例任务的操作过程，请读者设计出下面的杯垫及桌布图形。

实训一　花布图案设计

要求：利用【星形】工具、【形状】工具、缩小复制操作、【矩形】工具、移动复制操作、镜像复制操作和【对齐与分布】命令，绘制出如图 3-106 所示的花布图案。

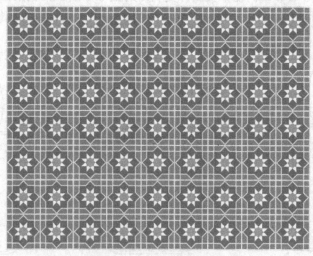

图3-106 绘制的花布图案

【步骤解析】

STEP 1 　　新建图形文件，选择 🔲 工具，将属性栏中的 ✳8🔲 选项设置为"8"，然后按住 Ctrl 键绘制星形图形。

STEP 2 　　利用 🔲 工具对星形图形的节点进行调整，状态如图 3-107 所示。

STEP 3 　　选择 🔲 工具，用以中心等比例缩小复制图形的方法，将星形图形缩小复制，然后继续利用 🔲 工具对复制的星形图形进行调整，状态如图 3-108 所示。

STEP 4 　　选择 🔲 工具，将属性栏中的 ↻22.5° 选项参数设置为"22.5"，星形图形旋转后的效果如图 3-109 所示。

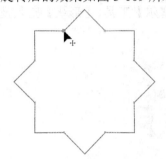
图3-107　调整图形形态

图3-108　调整图形形态

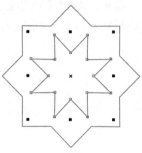
图3-109　旋转后的形态

STEP 5 　　用以中心等比例缩小复制图形的方法，将最外面的星形图形再次复制，效果如图 3-110 所示。

STEP 6 　　分别选择各图形，填充不同的颜色，效果如图 3-111 所示。

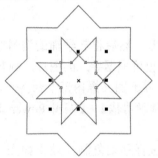
图3-110　复制出的图形

图3-111　填充颜色后的效果

STEP 7 　　利用 🔲 工具根据绘制的图形绘制出如图 3-112 所示的矩形。

STEP 8 　　继续利用 🔲 工具及移动复制操作和【对齐与分布】命令，分别在图形的四个角位置绘制出如图 3-113 所示的图形。

图3-112　绘制的矩形

图3-113　绘制出的单个花形

STEP 9 将绘制的图形群组，然后在水平方向上镜像复制，再按 7 次 Ctrl+R 组合键重复复制图形。

STEP 10 将复制出的图形全部选择，并在垂直方向上镜像复制，再按 5 次 Ctrl+R 组合键重复复制图形。

STEP 11 根据复制出的图形绘制大的矩形，然后为其填充绿色，并调整至所有图形的下方，即可完成图案的绘制。

实训二　桌布设计

要求：利用【矩形】工具、【图框精确剪裁】命令、【贝塞尔】工具、【形状】工具及移动复制和镜像复制操作，设计出如图 3-114 所示的桌布。

图3-114　绘制的桌布

【步骤解析】

STEP 1 新建图形文件，利用 工具绘制矩形，然后将教学辅助资料中"图库\项目三"目录下名为"花图案.psd"的图片导入。读者也可根据导入的图片绘制花图案。

STEP 2 利用【效果】/【图框精确剪裁】/【置于图文框内部】命令，将导入的花图案置入绘制的矩形中，然后执行【效果】/【图框精确剪裁】/【编辑 PowerClip】命令进入编辑模式。

STEP 3 将花图案缩小至合适的大小后依次进行移动复制，效果如图 3-115 所示，然后单击 按钮，完成内容的编辑操作。

STEP 4 灵活运用 工具和 工具绘制出如图 3-116 所示的灰色（K:10）、无外轮廓的图形。

图3-115　复制出的花图案

图3-116　绘制的图形

STEP 5　　将绘制的图形在水平方向上镜像复制，然后将复制出的图形稍微向左移动位置，使两个图形有相交的位置，如图 3-117 所示。

STEP 6　　将两个图形同时选中，并在垂直方向上镜像复制，然后将复制出的图形稍微向上移动位置，得到如图 3-118 所示的图形效果。

图3-117　复制出的图形

图3-118　复制出的图形

STEP 7　　将灰色图形全部选中，单击属性栏中的 按钮，焊接为一个图形，然后将其调整至合适的大小，依次用移动复制图形的方法，沿矩形的边缘进行复制，即可完成桌布的设计。

实训三　圆形桌布设计

要求：利用【椭圆形】工具、【交互式透明】工具、【交互式封套】工具以及【钢笔】工具、【手绘】工具和【形状】工具和旋转复制操作，设计制作出如图 3-119 所示的圆形桌布。

图3-119　设计制作的圆形桌布

【步骤解析】

STEP 1　　新建图形文件，利用 工具绘制灰色（K:10）、无外轮廓的圆形，然后选择 工具，并在属性栏中的【透明度类型】中选择"标准"，即可将图形设置为透明效果。

STEP 2　　选择 工具，将属性栏中 20 的参数设置为"20"，然后在画面中绘制出如图 3-120 所示的多边形图形。

STEP 3　　选择 工具，将属性栏中 -4 的参数设置为"-4"，变形后的效果如图 3-121 所示。

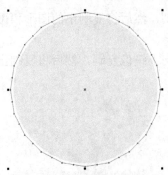

图3-120 绘制的多边形图形

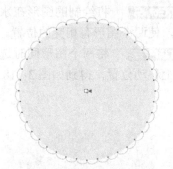

图3-121 制作的花边效果

【知识链接】

利用 ⊙ 工具可以为选择的图形添加 3 种不同类型的变形效果，包括【推拉变形】▣、【拉链变形】▩和【扭曲变形】▨。

● 推拉变形可以通过鼠标光标的拖曳方向将图形边缘推进或拉出，使图形产生不同的变形操作。其具体操作为：选择 ⊙ 工具，并激活属性栏中的 ▣ 按钮，在需要变形的图形上单击将其选中，然后按住鼠标左键并水平拖曳鼠标光标。当向左拖曳时，可以使图形边缘推向图形的中心，使其产生推进变形效果；当向右拖曳时，可以使图形的边缘由中心拉开，使其产生拉出变形效果。拖曳到适当的位置后释放鼠标左键，即可完成图形的变形效果。

● 拉链变形可以将当前选择的图形边缘调整为尖锐的锯齿状效果。其具体操作为：选择 ⊙ 工具，并激活属性栏中的 ▩ 按钮，在需要变形的图形上单击将其选中，然后按住鼠标左键并拖曳，即可为选择的图形添加拉链变形效果。

● 扭曲变形可以使图形围绕自身旋转，使其产生类似螺旋形的变形效果。其具体操作为：选择 ⊙ 工具，并激活属性栏中的 ▨ 按钮，在需要变形的图形上单击将其选中，再将鼠标光标移动到被选择的图形上，按下鼠标左键确定变形的中心，然后按住鼠标左键拖曳鼠标光标，绕变形中心旋转，选择的图形即可产生扭曲变形效果。

STEP 4 灵活运用【椭圆形】工具、【钢笔】工具、【手绘】工具、【形状】工具及镜像复制操作和旋转复制操作绘制出如图3-122 所示的花形图案。

STEP 5 将绘制的花形图案群组，分别调整大小后，利用旋转复制操作复制出如图3-123 所示的图形。

图3-122 绘制的花形图案

图3-123 复制后的效果

STEP 6 灵活运用【钢笔】工具及【形状】工具和旋转复制操作绘制出各花形图案之间的连接图形，即可完成圆形桌布的设计制作。

项目小结

本项目主要学习了各种纺织品的设计，包括窗帘、床品、婴儿用品、桌布及花布图案等。通过本项目的学习，希望读者能了解一些纺织品的设计方法，并能对用过的工具的使用方法熟练掌握，以便在实际工作中能够灵活运用。

思考与练习

1. 灵活运用图形绘制工具及各种复制图形操作，绘制出如图 3-124 所示的图案。
2. 灵活运用各种绘图工具，设计出如图 3-125 所示的床上用品。

图3-124 绘制出的图案　　　　　　　　　图3-125 设计的床品

3. 灵活运用各种绘图工具及旋转复制操作，绘制出如图 3-126 所示的桌布。

图3-126 设计的桌布

项目四
插画及电子贺卡设计

PART 4

插画是指插附在书刊中的图画。有的印在正文中间；有的用插页方式，对正文内容起补充说明或艺术欣赏作用。插画可以使文字意义变得更明确清晰。互送贺卡是朋友之间表达心意、交流情感的一种方式，过节或朋友过生日的时候，大家都喜欢送上一张贺卡，寄予深深的祝福和浓浓的思念。以前的贺卡是各种漂亮的、造型奇特的实体纸制贺卡，现在，随着科技的发展，精美的网络贺卡日趋受到欢迎。

本项目将设计一幅儿童插画及新年贺卡。设计完成的效果如图4-1所示。

图4-1 设计完成的儿童插画及新年贺卡

知识技能目标

- 了解插画及贺卡的设计方法
- 掌握【排列】/【顺序】命令的应用
- 学习【阴影】工具的使用方法
- 学习【调和】工具的使用方法
- 掌握【拆分】和【取消群组】命令的运用
- 学习【透明度】工具的运用
- 掌握【艺术笔】工具的运用
- 学习图案字的制作方法
- 掌握利用【形状】工具调整文字的方法

任务一 插画设计

本任务主要利用基本绘图工具、【阴影】工具和【调和】工具，并结合【排列】/【拆分】和【取消群组】命令来设计儿童插画。

【步骤图解】

儿童插画的设计过程示意图如图 4-2 所示。

①利用【矩形】、【贝塞尔】和【形状】工具绘制插画背景

②利用【贝塞尔】和【形状】工具绘制楼体

③利用【贝塞尔】工具、【形状】工具和【阴影】工具绘制云彩图形，并利用【调和】工具绘制彩虹效果

④利用【椭圆形】、【贝塞尔】和【形状】工具及旋转复制操作绘制花朵图形，然后移动复制，再导入树图形，即可完成插画绘制

图4-2　儿童插画的设计过程示意图

【设计思路】

这是一幅儿童插画。蓝天、白云、高楼、绿地、彩虹、向日葵等，这些图形都非常符合儿童的审美意识。该插画可以用于儿童绘本，也可作为装饰画悬挂在儿童房，或做成挂历、鼠标垫等作为儿童用品来使用。

（一）　绘制插画背景及楼体效果

首先利用各种基本绘图工具来绘制插画的背景及楼体效果。

【步骤解析】

STEP 1　按 Ctrl+N 组合键，新建一个图形文件，然后利用□工具绘制一个填充色为天蓝色（C:100,M:20）的矩形。

STEP 2　选择■工具，弹出【渐变填充】对话框，设置各项参数，如图 4-3 所示，然后单击 确定 按钮。修改填充色后的矩形如图 4-4 所示。

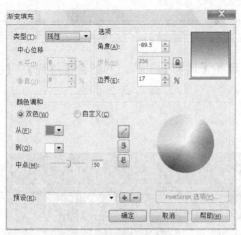

图4-3 设置的选项参数

图4-4 修改填充色后的矩形

STEP 3 利用 ✐工具和 ✎工具在矩形的下方绘制出如图 4-5 所示的图形，作为草地。

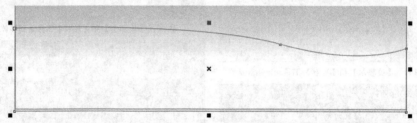

图4-5 绘制的草地图形

STEP 4 为绘制的草地图形自下向上填充从酒绿色到浅绿色的渐变色，并去除外轮廓线。设置的渐变颜色及填充后的效果如图4-6所示。

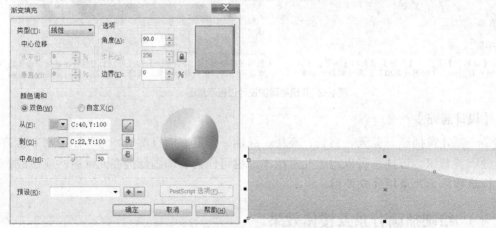

图4-6 草地图形填充的渐变色及效果

STEP 5 继续利用 ✐工具和 ✎工具在草地图形上绘制出作为小路的图形，其渐变填充色及效果如图4-7所示。

STEP 6 利用 ✐工具和 ✎工具绘制出如图 4-8 所示的填充色为淡蓝色（C:23,M:3,Y:8）、无外轮廓的不规则图形。

STEP 7 执行【排列】/【顺序】/【置于此对象前】命令，然后将鼠标光标移动到下方的矩形上单击，将绘制的图形调整至"草地"图形的后面，效果如图4-9所示。

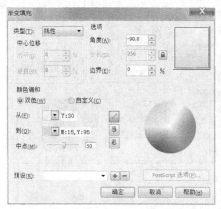

图4-7 小路图形设置的渐变色及效果

图4-8 绘制的不规则图形

图4-9 调整顺序后的效果

STEP 8　用与步骤6、步骤7相同的方法，绘制出如图4-10所示的图形。

STEP 9　灵活利用 ✎工具、✎工具和 ■工具，绘制出如图 4-11 所示的高楼图形。

图4-10 绘制的不规则图形

图4-11 绘制的高楼图形

（二） 绘制云彩、彩虹、花朵及树图形

接下来绘制贺卡中的其他图形，包括云彩、彩虹、花朵和树等图形。

【步骤解析】

STEP 1　接上例。利用 ✎工具和 ✎工具绘制出如图4-12所示的云彩图形。

STEP 2　选择 ■工具，在弹出的【渐变填充】对话框中设置渐变颜色，如图 4-13 所示。

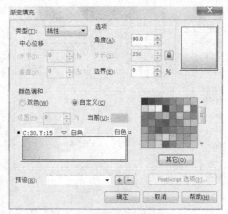

图4-12 绘制的云彩图形　　　　　　　　　　　　图4-13 设置的渐变颜色

STEP 3 单击 确定 按钮，并去除图形的外轮廓线，效果如图 4-14 所示。

STEP 4 选择 工具，将鼠标光标移动到图形的中心位置，按下鼠标左键并向右下方拖曳，为图形添加阴影效果，状态如图 4-15 所示。

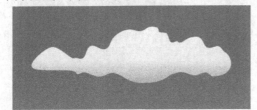

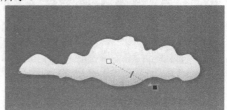

图4-14 填充渐变色后的效果　　　　　　　　　图4-15 为图形添加阴影

STEP 5 在属性栏中将阴影颜色设置为白色，然后设置其他各项参数，如图 4-16 所示。

图4-16 设置的属性参数

修改阴影参数后的阴影效果如图 4-17 所示。

> 利用【阴影】工具可以在选取的图形上添加两种情况的阴影，一种是将鼠标光标放置在图形的中心点上，按下鼠标左键并拖曳产生的偏移阴影；另一种是将鼠标光标放置在除图形中心点以外的区域，按下鼠标左键并拖曳产生的倾斜阴影。添加的阴影不同，属性栏中的可用参数也不同。

STEP 6 选择 工具，确认图形阴影的添加，然后将其移动复制一组，以备后用。

STEP 7 执行【排列】/【拆分 阴影群组】命令，将阴影与图形拆分，取消图形的选择状态，再利用 工具选择上面的图形，按 Delete 键删除，只保留阴影效果，如图 4-18 所示。

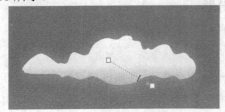

图4-17 调整后的阴影效果　　　　　　　　　　图4-18 保留的阴影效果

STEP 8 用移动复制图形的方法，将阴影效果依次移动复制并调整大小及位置，作为云彩，效果如图 4-19 所示。

STEP 9 将先前添加阴影效果的一组图形选中，调整大小后移动到画面中，并移动复制，然后将复制出的图形调整至如图 4-20 所示的形态。

图4-19 复制出的图形

图4-20 复制图形调整后的形态

云彩图形绘制完成后，下面来制作彩虹图形。

STEP 10 利用 ◯ 工具绘制圆形，然后单击属性栏中的 ◯ 按钮，将圆形转换为弧线效果。

STEP 11 在属性栏中将【起始和结束角度】的参数分别设置为 ⌒ 0 ／ ⌒ 150.0 ，【轮廓宽度】选项设置为 ⌀ 3.5 mm ▼ ，效果如图 4-21 所示。

STEP 12 按住 Shift 键，将鼠标光标移动到选择线形右上角的控制点上，按下鼠标左键并向左下方拖曳，将弧线以中心等比例缩小，至合适位置后在不释放鼠标左键的情况下单击鼠标右键，缩小复制线形。

STEP 13 将复制出的线形调整至如图 4-22 所示的位置，然后将原弧线的颜色修改为红色（M:100,Y:100）。

图4-21 得到的弧线效果

图4-22 复制出的线形

STEP 14 选择 ⬚ 工具，将鼠标光标移动到红色线形上，按下鼠标左键并向黑色线形上拖曳，将两个图形进行调和，然后将属性栏中【调和步数】的参数设置为"4"，效果如图 4-23 所示。

STEP 15 执行【排列】/【拆分 调和群组】命令，将调和图形拆分，然后执行【排列】/【取消群组】命令，将调和出的图形的群组取消，得到一个一个的线形。

STEP 16 利用 ⬚ 工具分别选择线形，调成不同的颜色，效果如图 4-24 所示。

图4-23 调和后的效果

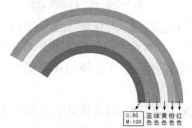

图4-24 修改颜色后的效果

STEP 17 利用 工具将彩虹图形全部选中，然后执行【排列】/【将轮廓转换为对象】命令，将轮廓线转换为图形。

STEP 18 将转换为图形的彩虹全部选择，按 Ctrl+G 组合键群组，然后调整大小及排列顺序，放置到如图 4-25 所示的位置。

图4-25　制作出的彩虹效果

下面灵活运用旋转复制操作来绘制花朵图形。

STEP 19 利用 工具绘制圆形，然后为其填充如图 4-26 所示的渐变色，并去除外轮廓线。

STEP 20 利用 工具和 工具绘制出如图 4-27 所示的图形，作为花瓣。

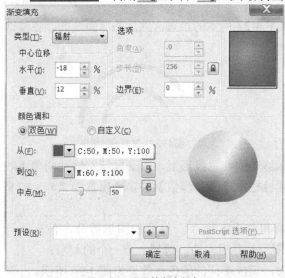

图4-26　设置的渐变颜色

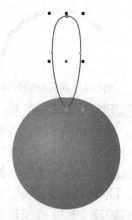

图4-27　绘制的图形

STEP 21 为花瓣图形自上向下填充从黄色（Y:100）到橘黄色（M:50,Y:95）的线性渐变色，然后去除外轮廓线，效果如图 4-28 所示。

STEP 22 在选择的花瓣图形上再次单击，将旋转中心调整至圆形的中心位置，如图 4-29 所示。

STEP 23 用旋转复制图形的方法，将花瓣图形依次旋转复制，最终效果如图 4-30 所示。

图4-28 填充渐变色后的效果　　　　图4-29 旋转中心放置的位置　　　　图4-30 复制出的图形

STEP 24 将步骤 20 绘制的花瓣图形在原位置复制，然后将其填充色修改为黄色（Y:100），并调整至如图 4-31 所示的形态。

STEP 25 选择 工具，将鼠标光标移动到复制出的图形的上方位置，按下鼠标左键并向下拖曳，添加如图 4-32 所示的透明效果。

图4-31 调整后的形态　　　　　　　　　　图4-32 添加的透明效果

STEP 26 在属性栏中设置各项参数，如图 4-33 所示。

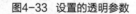

| 线性 | 常规 | 77 | -90.0 | 0 | 全部 |

图4-33 设置的透明参数

取消图形透明效果的具体方法为：确认该图形处于选中状态，选择 工具，然后单击属性栏中的 按钮即可。

知识提示

STEP 27 用与步骤 22～步骤 23 相同的旋转复制图形的方法，将添加透明效果的图形旋转复制，效果如图 4-34 所示。

STEP 28 利用 工具绘制绿色（C:50,Y:100,K:10）的圆角矩形，去除外轮廓线后将其调整至花瓣图形的后面，效果如图 4-35 所示。

图4-34 旋转复制出的图形　　　　　　　　　　　图4-35 绘制的圆角矩形

STEP 29 利用◯工具、◥工具和◣工具及旋转图形的方法，绘制出如图 4-36 所示的叶子图形，注意顺序的调整。

STEP 30 将绘制的叶子图形选中，然后在水平方向上镜像复制，并将复制出的图形调整至如图 4-37 所示的位置。

STEP 31 将绘制的花朵图形全部选中并群组，调整至合适的大小后移动到如图 4-38 所示的位置。

图4-36 绘制的叶子图形　　　　图4-37 复制出的叶子图形　　　图4-38 花朵图形调整后的大小及位置

STEP 32 用移动复制图形的方法，将花朵图形依次移动复制并调整，效果如图 4-39 所示。

图4-39 复制出的花朵图形

STEP 33 将复制出的花朵全部选中，然后利用【效果】/【图框精确剪裁】/【置于图文框内部】命令，将其置于下方的"草地"图形中。

STEP 34 执行【效果】/【图框精确剪裁】/【编辑 PowerClip】命令，进入编辑模式，然后调整花朵图形的位置，如图 4-40 所示。

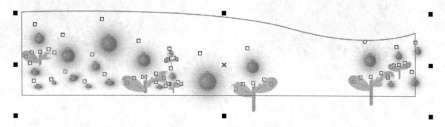

图4-40 花朵图形调整后的位置

STEP 35 单击下方的 按钮，完成内容的编辑，效果如图 4-41 所示。

图4-41 编辑后的效果

通过图 4-41 可以看出，由于花朵图形置入草地图形后，花朵图形即和草地图形在一个堆叠位置，这样上方的小路图形即将花朵图形盖住了。下面我们来进行修改，即将小路图形盖住的花朵图形在容器中剪切出来。

STEP 36 单击图形下方工具组中左侧的 按钮，进入编辑模式，然后利用 工具选择被小路图形盖住的花朵图形。

STEP 37 执行【编辑】/【剪切】命令，将选择的花朵图形剪切，然后单击左下角的 按钮，退出编辑模式，再执行【编辑】/【粘贴】命令，将剪切的花朵图形粘贴至原位置即可，效果如图 4-42 所示。

图4-42 剪切出的花朵图形

STEP 38 按 Ctrl+I 组合键，将教学辅助资料中"图库\项目四"目录下名为"大树.cdr"的文件导入，调整至合适的大小后放置到图 4-43 所示的位置。

STEP 39 用与步骤 36～步骤 37 相同的方法，将大树图形盖住的花朵图形剪切出来，效果如图 4-44 所示。

STEP 40 至此，插画绘制完成。按 Ctrl+S 组合键，将文件命名为"插画.cdr"保存。

图4-43 绘制的大树图形　　　　　　　　图4-44 剪切出的花朵图形

任务二 电子贺卡设计

本任务主要运用各种绘图工具、【艺术笔】工具，并结合【阴影】工具及【图框精确剪裁】命令，来设计网络中常见的电子贺卡。

【步骤图解】

贺卡的设计过程示意图如图 4-45 所示。

① 首先利用基本绘图工具绘制圣诞老人

② 绘制矩形图形并置入素材图片

③ 添加圣诞老人及文字

④ 利用【艺术笔】工具绘制雪花及星光图形，即可完成

图4-45 贺卡的设计过程示意图

【设计思路】

这是一幅非常美观、漂亮的圣诞电子贺卡。整个色调选用红色，突出了节日红红火火的景象。以雪花、雪地为背景，显示这是一个冬天的节日。另外，选用圣诞老人和圣诞树为素材图片，寓意给亲人、朋友送去最好的新年礼物和祝福。

（一） 绘制圣诞老人

首先来绘制圣诞老人。

【步骤解析】

STEP 1 按 $\boxed{Ctrl}+\boxed{N}$ 组合键，新建一个图形文件，然后双击 🔲 工具绘制一个矩形，并为其填充粉蓝色（C:20,M:20），为下面绘制圣诞老人做一个背景。

STEP 2 执行【排列】/【锁定对象】命令，将绘制的矩形锁定，避免对其进行操作。

 知识提示 在 CorelDRAW 中可以锁定选择的图形以保护其不再被编辑。图形被锁定后，图形周围将出现 8 个锁的图形。当需要解除锁定时，只须将其选择，然后执行【排列】/【解锁对象】命令即可。也可以单击鼠标右键，在弹出的右键菜单中选择【解锁对象】命令。另外，执行【排列】/【对所有对象解锁】命令，可以将绘图窗口中多个锁定的图形同时解锁。

STEP 3 利用 ✏️ 和 ✏️ 工具，绘制并调整出如图 4-46 所示的不规则图形，作为圣诞老人的头部轮廓图形，然后为其填充白色，再将轮廓线去除。

STEP 4 利用 ✏️ 和 ✏️ 工具，在圣诞老人的头部图形上依次绘制并调整出如图 4-47 所示的不规则图形。

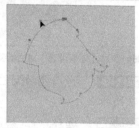

图4-46 绘制并调整出的图形

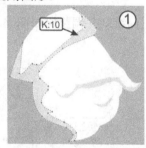 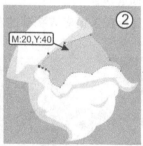 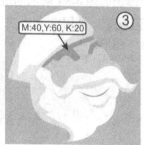

图4-47 绘制并调整出的不规则图形

STEP 5 继续利用 ✏️、✏️ 和 ⭕ 工具，在圣诞老人的头部图形上依次绘制并调整出如图 4-48 所示的"眉毛"和"眼睛"图形。

STEP 6 利用 ⭕ 工具，绘制出如图 4-49 所示的圆形。

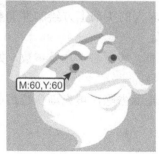 

图4-48 绘制出的"眉毛"和"眼睛"图形 图4-49 绘制出的圆形

STEP 7 选择█工具，在弹出的【渐变填充】对话框中设置各选项及参数，如图 4-50 所示。

STEP 8 单击 确定 按钮，然后将图形的外轮廓线去除，填充渐变色后的图形效果如图 4-51 所示。

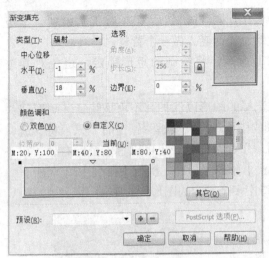

图4-50 【渐变填充】对话框参数设置　　　　　　图4-51 填充渐变色后的图形效果

STEP 9 将填充渐变色后的圆形缩小复制，并将复制出图形的颜色修改为白色，如图 4-52 所示。

STEP 10 选择 █ 工具，将鼠标光标移动到白色的圆形上，自下向上拖曳鼠标光标，为其添加如图 4-53 所示的透明效果。

STEP 11 利用 █ 和 █ 工具，在圣诞老人头部的左侧绘制并调整出如图 4-54 所示的"耳朵"图形。

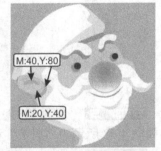

图4-52 圆形放置的位置　　　　图4-53 添加透明效果后的图形　　　图4-54 绘制并调整出的"耳朵"图形

STEP 12 继续利用 █ 工具和 █ 工具，在圣诞老人的头部上方绘制并调整出如图 4-55 所示的不规则图形，作为圣诞老人的"帽子"图形。

STEP 13 选择█工具，弹出【渐变填充】对话框，设置各选项及参数，如图 4-56 所示。

STEP 14 单击 确定 按钮，然后将图形的外轮廓去除，填充渐变色后的图形效果如图 4-57 所示。

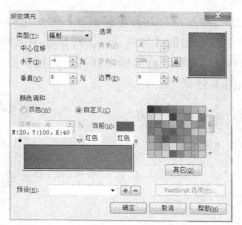

图4-55 绘制出的"帽子"　　　图4-56 【渐变填充】对话框参数设置　　　图4-57 填充渐变色后效果

STEP 15 继续利用 ✎工具和 ✎工具，在画面中绘制并调整出如图 4-58 所示的黑色图形。

STEP 16 选择 ⛉工具，单击属性栏中的 无 按钮，然后在弹出的选项列表中选择【标准】选项，并将 ⟼ 30 选项的参数设置为"30"，为绘制的黑色图形添加透明效果，如图 4-59 所示。

STEP 17 利用 ✎工具和 ✎工具，在红色的帽子图形上绘制并调整出如图 4-60 所示的白色无外轮廓的不规则图形。

图4-58 绘制并调整出的图形　　　图4-59 添加透明后的图形效果　　　图4-60 绘制并调整出的图形

STEP 18 选择 ⛉工具，将鼠标光标移动到绘制的白色图形上，自上向下拖曳鼠标光标，为其添加如图 4-61 所示的透明效果。

STEP 19 利用 ○工具、✎工具和 ✎工具，依次绘制并调整出圣诞老人的"身体""腿"和"脚"等图形，如图 4-62 所示。注意图形叠加顺序的调整。

STEP 20 依次为绘制的"身体""腿"和"脚"等图形分别填充上红色和黑色，填充颜色后的效果如图 4-63 所示。

图4-61 添加透明后的效果　　　图4-62 绘制并调整出的图形　　　图4-63 填充颜色后的效果

STEP 21 选择"腿"图形，将其外轮廓去除，然后选择"身体"图形，执行【编辑】/【复制属性自】命令，在弹出的【复制属性】对话框中选择如图 4-64 所示的选项。

STEP 22 单击 [确定] 按钮，将鼠标光标移动到帽子图形的边缘位置单击，复制该图形的渐变色，效果如图 4-65 所示。

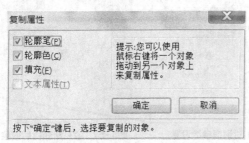

图4-64 【复制属性】对话框参数设置　　图4-65 填充渐变色后的图形效果

STEP 23 利用 ✐工具、✐工具和 ○工具，在画面中绘制并调整出如图 4-66 所示的黑色"腰带"图形。

STEP 24 利用 □工具和 ✐工具及以中心等比例缩小复制图形的方法，绘制出如图 4-67 所示的圆角矩形。

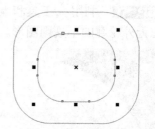

图4-66 绘制的"腰带"图形　　　　图4-67 绘制出的图形

STEP 25 将两个圆角矩形同时选择后按 Ctrl+L 组合键结合，再为其填充灰色（K:10），并将外轮廓线去除，然后调整至合适的大小后移动到如图 4-68 所示的"腰带"位置。

STEP 26 利用 ✐工具和 ✐工具，在画面中绘制并调整出如图 4-69 所示的"手臂"图形。

STEP 27 执行【编辑】/【复制属性自】命令，在弹出的【复制属性】对话框中勾选【填充】复选框。

STEP 28 单击 [确定] 按钮，然后将鼠标光标移动到帽子的边缘位置单击，复制该图形的渐变色，效果如图 4-70 所示。

图4-68 图形放置的位置　　图4-69 绘制的"手臂"图形　　图4-70 复制填充属性后的效果

STEP 29 利用 ⬚和⬚工具，在"手臂"图形上再绘制出如图 4-71 所示的白色无外轮廓图形。

STEP 30 利用 ⬚工具，为绘制的白色图形添加透明效果，如图 4-72 所示。

STEP 31 在"手臂"图形上依次绘制出如图 4-73 所示的灰色（K:10）和白色无外轮廓图形。

图4-71　绘制并调整出的图形　　　图4-72　添加透明后的效果　　　图4-73　绘制并调整出的图形

STEP 32 用与前面绘制"手臂"图形相同的方法，依次绘制出圣诞老人的另一只"手臂"及"布袋"图形，如图 4-74 所示。

至此，圣诞老人图形已经绘制完成，其整体效果如图 4-75 所示。

图4-74　绘制并调整出的"手臂"及"布袋"图形　　　图4-75　绘制完成的圣诞老人

STEP 33 按 Ctrl+S 组合键，将此文件命名为"圣诞老人.cdr"保存。

（二）绘制贺卡背景并添加文字

下面来绘制整体的贺卡图形。

【步骤解析】

STEP 1 按 Ctrl+N 组合键，新建一个图形文件，然后利用 ⬚工具绘制一个矩形，确定贺卡的大小。

STEP 2 执行【效果】/【图框精确剪裁】/【创建空 PowerClip 图文框】命令，将矩形转换为图文框。

STEP 3 执行【效果】/【图框精确剪裁】/【编辑 PowerClip】命令，转换到编辑模式下，然后继续利用 ⬚工具绘制一个与图文框大小相同的矩形，并为其填充深红色（M:100,Y:100,K:25）。

STEP 4 按 Ctrl+I 组合键，将教学辅助资料中"图库\项目四"目录下名为"雪地.psd"的图像导入，调整大小后，放置到如图 4-76 所示的位置。

STEP 5 再次按 Ctrl+I 组合键，将教学辅助资料中"图库\项目四"目录下名为"雪人.psd"和"圣诞树.psd"的图像导入，分别调整大小后放置到如图 4-77 所示的位置。

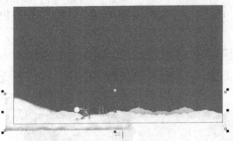

图4-76 导入的"雪地"图像　　　　　　　　图4-77 导入的"雪人"和"圣诞树"图像

STEP 6　　单击  按钮，完成内容编辑操作。

STEP 7　　打开上一节绘制的"圣诞老人.cdr"文件，双击 工具，选择绘制的圣诞老人。

STEP 8　　按 Ctrl+C 组合键，将选择的圣诞老人复制，然后执行【窗口】/【未命名-1】命令，将新建的文件设置为工作状态，再按 Ctrl+V 组合键，将复制的圣诞老人粘贴至新建的文件中。

STEP 9　　按 Ctrl+G 组合键，将圣诞老人图形群组，然后调整大小并放置到画面的左下角位置，如图 4-78 所示。

STEP 10　　选择 工具，将鼠标光标放置到圣诞老人图形上，按下鼠标左键并向右拖曳鼠标光标，为其添加阴影效果。

STEP 11　　在属性栏中将阴影的颜色设置为白色，然后设置其他选项及参数如图 4-79 所示，设置后的阴影效果如图 4-80 所示。

图4-78 圣诞老人调整后的大小及位置　　　　　　图4-79 设置的选项参数

STEP 12　　利用 工具输入绿色的（C:100,Y:100,K:40）"圣诞快乐"文字，然后为其添加如图 4-81 所示的白色外轮廓，该文字选用的字体为"方正剪纸简体"。

图4-80 设置后的阴影效果　　　　　　　　图4-81 输入的文字

STEP 13　再次选择![]工具，将鼠标光标移动到绿色文字上，按下鼠标左键并向下方拖曳，为文字添加阴影效果。

STEP 14　设置属性栏中的参数为 ![91 20]，此时生成的阴影效果如图4-82所示。

STEP 15　利用![字]工具依次输入绿色的（C:100,Y:100,K:40）"2015"数字及白色的"Merry Christmas"字母，然后利用![]工具分别为其添加如图4-83所示的阴影效果。

图4-82　添加的阴影效果

图4-83　输入的数字及字母

STEP 16　选择"2015"数字，执行【效果】/【图框精确剪裁】/【创建空PowerClip图文框】命令，将数字转换为图文框。

STEP 17　执行【效果】/【图框精确剪裁】/【编辑 PowerClip】命令，转换到编辑模式下，然后按 Ctrl+I 组合键，将教学辅助资料中"图库\项目四"目录下名为"花图案.cdr"的图像导入。

STEP 18　将导入的花图案调整大小后，放置到如图4-84所示的位置。

STEP 19　将花图案在垂直方向上镜像复制，然后向上移动位置，使其覆盖数字"2"，效果如图4-85所示。

图4-84　图案调整后的大小及位置

图4-85　复制出的花图案

STEP 20　用移动复制及旋转操作，依次将花图案复制并调整位置，使其覆盖"2015"数字，如图4-86所示。

STEP 21　单击![]按钮，完成内容的编辑操作，效果如图4-87所示。

图4-86　复制出的花图案

图4-87　制作的图案字效果

STEP 22　按 Ctrl+S 组合键，将此文件命名为"圣诞贺卡.cdr"保存。

（三）　添加雪花及星光效果

最后利用【艺术笔】工具为贺卡添加雪花和星光图形。

【步骤解析】

STEP 1　接上例。选择工具，并单击属性栏中的⬜按钮，然后单击右侧的⬛▼按钮，在弹出的列表中选择【其他】选项。

STEP 2　单击【喷射图样】选项窗口，在弹出的列表中选择如图 4-88 所示的"雪花"图形。

图4-88　选择的喷射图样

STEP 3　在页面中拖曳鼠标，喷绘出如图 4-89 所示的雪花图形，然后按 Ctrl+K 组合键，将绘制的"雪花"图形拆分，此时的形态如图 4-90 所示。

图4-89　喷绘出的"雪花"图形　　　　图4-90　拆分后的"雪花"形态

STEP 4　按 Ctrl+U 组合键，将"雪花"图形的群组取消。

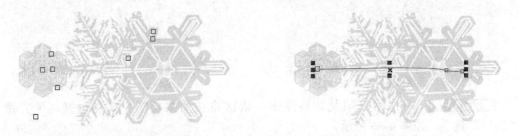
将绘制的雪花图形拆分并取消群组后，利用【选择】工具🔲，就可以选择单个的雪花图形，进行位置、大小及颜色等属性的调整。

STEP 5　利用🔲工具，分别选择拆分后的线形及左右两边的"雪花"图形，按 Delete 键删除。

STEP 6　将剩余雪花图形的颜色修改为白色，然后移动到画面的左上角位置，并调整大小及旋转角度，如图 4-91 所示。

STEP 7　利用移动复制、缩放和旋转图形等操作，对"雪花"图形进行复制和调整，最终效果如图 4-92 所示。

图4-91 雪花调整后的大小及位置

图4-92 复制出的雪花图形

STEP 8 再次选择 工具，并在属性栏中的【类别】选项列表中选择【星形】选项，然后在【喷射图样】选项窗口中选择如图 4-93 所示的"星形"图形。

STEP 9 单击属性栏中的 顺序 ▼ 按钮，在弹出的列表中选择【随机】选项，然后单击右侧的 按钮，开启"随对象一起缩放笔触"功能。

STEP 10 将鼠标光标移动到页面中拖曳，喷绘星形，然后将属性栏中的参数设置为 ，生成的效果如图 4-94 所示。

图4-93 选择的喷射图样

图4-94 生成的星形效果

知识提示

在喷射图样之前如不激活属性栏中的 按钮，在缩放喷射出的图样时，图样的大小仍保持默认的尺寸，不会跟随缩放变化。另外，此处读者喷绘出的图样可能与本例给出的不一样，这是由于选择了【随机】选项造成的，但这并不影响作品的最终效果。

STEP 11 利用 工具选择生成的星形图形，然后利用 工具对其渐变颜色进行修改，颜色参数及调整后的星形效果如图 4-95 所示。

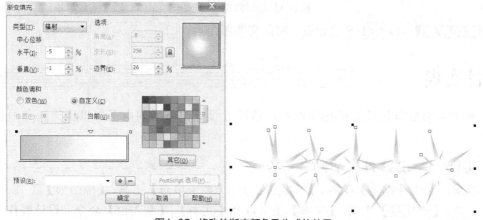

图4-95 修改的渐变颜色及生成的效果

STEP 12 将生成的星形图形调整大小后移动到"Merry Christmas"字母的下方，效果如图 4-96 所示。

STEP 13 选择喷绘出的星形，然后单击属性栏中的【添加到喷涂列表】按钮 ，可将选择的图形定义为喷射图样，此时属性栏中自动显示一个【自定义】类别，且右侧的喷射图样窗口中显示定义的图样：`自定义 ▼` `▼`。

STEP 14 将鼠标光标移动到页面中随意拖曳，即可喷绘出调整后的星光效果，如图 4-97 所示。

图4-96 星形图形调整后的大小及位置

图4-97 喷绘出的星光效果

STEP 15 选择 工具，按住 Shift 键，依次单击喷绘出的星形图形及左上角的雪花图形，将其同时选择，然后执行【效果】/【图框精确剪裁】/【置于图文框内部】命令。

STEP 16 将鼠标光标移动到绘制的矩形上单击，将选择的图形置入矩形中。

至此，圣诞贺卡已经绘制完成，整体效果如图 4-98 所示。

图4-98 绘制完成的圣诞贺卡

STEP 17 按 Ctrl+S 组合键，将此文件保存。

项目实训

参考本项目范例任务的操作过程，请读者设计出下面的电子屏日历插画和中秋节贺卡。

实训一 设计日历插画

要求：利用【钢笔】工具、【形状】工具、【渐变填充】工具、【椭圆形】工具、【调和】工具、【透明度】工具、【文本】工具以及【文本】/【制表位】命令，设计制作如图 4-99 所示的日历插画效果。

【设计思路】

这是一幅带着浓浓春天气息的日历背景插画。画面以嫩嫩的绿色为色调，突出了春天的特征；黄色的太阳，就像春天里孩子的笑脸，稚嫩、可爱；别有风味的风车、富有幻想的气泡以及圆圆的黄色小花，给孩子营造了一个极具想象力的春天画面。

【步骤解析】

STEP 1　　　新建图形文件后，利用【工具】/【选项】命令，将页面单位设置为像素，选项设置如图 4-100 所示，然后将页面大小设置为 [1,024 px] [768 px]。

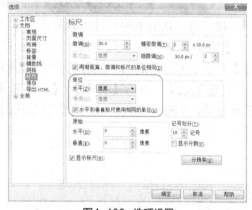

图4-99　绘制的日历插画效果　　　　　　　　　　图4-100　选项设置

知识提示　　　由于制作的日历插画要用于电脑屏幕显示，因此在设置该插画的大小时，也选用了电脑屏幕的比例。

STEP 2　　　利用 🖊 工具和 🖌 工具以及【渐变填充】工具绘制草地和云彩图形，或者直接打开教学辅助资料中"图库\项目四"目录下名为"背景.cdr"的文件，如图 4-101 所示。

STEP 3　　　利用 ⬭ 工具以及【调和】工具绘制太阳图形，注意与云彩图形堆叠顺序的调整，如图 4-102 所示。

图4-101　绘制的背景　　　　　　　　　　　　图4-102　绘制的太阳图形

STEP 4　　　继续利用 🖊 工具和 🖌 工具及【透明度】工具绘制气泡图形，绘制过程示意图如图 4-103 所示，然后依次复制并调整大小及位置。

STEP 5　　　利用 🖊 工具和 🖌 工具以及【渐变填充】工具绘制出如图 4-104 所示的小花图形，然后依次移动复制并分别调整其大小和旋转角度。

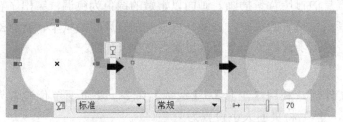

图4-103　气泡图形的绘制过程示意图　　　　　　　　图4-104　绘制的小花图形

接下来，我们来制作日历效果。

STEP 6　利用工具、工具、工具、工具及【渐变填充】工具和【透明度】工具绘制日历底图，然后利用 字 工具在其上方输入如图 4-105 所示的文本。

STEP 7　执行【文本】/【文本属性】命令，在弹出的【文本属性】对话框中设置各项参数，如图 4-106 所示，即恢复默认的参数设置。

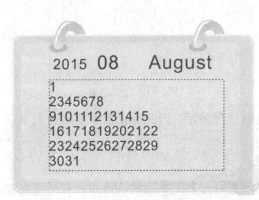

图4-105　输入的数字

图4-106　设置的段落参数

> **知识提示**　此处绘制的段落文本框最好大一点，因为在下面的操作过程中，要对文字的字符和行间距进行调整，如果文本框不够大，输入的文本将无法全部显示。另外，将段落参数都设置为默认值，是为了确保各组数字能够对齐。

STEP 8　将输入光标插入每个数字左侧，按 Tab 键，在各数字左侧分别插入一个空格，注意不要使用空格键，否则无法使用【制表位】命令。

STEP 9　执行【文本】/【制表位】命令，弹出【制表位设置】对话框，单击 全部移除(E) 按钮，将预设的制表位全部删除，然后将【制表位位置】选项右侧的数值设置为"50 px"，并连续单击 7 次 添加(A) 按钮，此时页面中的数字会按重新设置的数值进行排列。

> **知识提示**　设置制表位的目的是为了保证段落文本按照某种方式进行对齐，以使整个文本井然有序。此功能主要用于制作日历类的日期对齐排列及索引目录等。要使用此功能进行文本的对齐，每个对象之间必须先使用 Tab 键进行分隔，即在每个对象之前加入 Tab 空格。

STEP 10 　在"50 px"制表位右侧的对齐栏中单击鼠标，将会出现一个倒三角按钮 ，单击该按钮，在弹出的对齐选项列表中选择【中】选项，然后用相同的方法将其他位置的对齐方式均设置为"中对齐"，如图4-107所示。

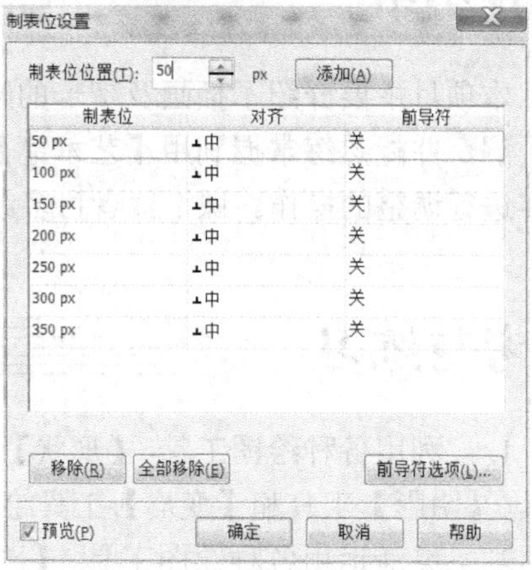

STEP 11 　单击 确定 按钮，设置制表位后的落段文本如图4-108所示。

STEP 12 　在第一行中的数字"1"左侧插入输入光标，连续多次按 Tab 键，将数字"1"调整至右侧位置。

STEP 13 　向左调整段落文本，然后利用 工具分别选择两边的数字，将其颜色修改为红色，再调整数字的行间距，即可完成日历日期的设置，如图4-109所示。

图4-107　设置制表位位置后的对话框形态

图4-108　设置制表位后的落段文本

图4-109　调整后的日历日期

实训二　绘制插画

要求：利用【钢笔】工具、【形状】工具、【文本】工具和【阴影】工具，绘制出如图4-110所示的插画图形。

【步骤图解】

灵活运用各工具绘制图形，然后添加阴影效果即可。另外，在制作文字效果时，要灵活运用 工具来选择每个字母，并对其进行大小、位置和角度的调整。

图4-110　绘制的插画

项目小结

本项目主要介绍了插画及贺卡的绘制。通过本项目的学习，希望读者对各效果工具有所了解，并能熟练掌握利用【艺术笔】工具绘制特殊图形的方法，及利用【形状】工具对文字进行调整的操作。课下读者可多绘制一些插画图形，这将大大提高自己的绘画水平。

思考与练习

1. 利用各种绘图工具、【形状】工具、【渐变填充】工具、【透明度】工具、【调和】工具、【阴影】工具和【变形】工具绘制插画，完成的效果如图 4-111 所示。

2. 灵活运用各种绘图工具、【形状】工具、【交互式填充】工具、【透明度】工具及【图框精确剪裁】命令，绘制插画，完成的效果如图 4-112 所示。

图4-111 绘制的插画

图4-112 绘制的卡通插画

PART 5

项目五
店面装潢设计

　　店面就像一个人的外表，其设计的好坏直接影响着消费者对店面的整体印象。设计出色的店面能给人留下深刻而良好的印象，从而能吸引更多的消费者，也在很大程度上影响着商店的营业额。所以对于商家而言，店面的装潢设计是商店开始营业前非常重要的投入内容。

　　本项目将设计门面广告，包括啤酒专卖店门面广告及儿童摄影会馆门面广告。设计完成的效果如图5-1所示。

图5-1　设计完成的门面广告

知识技能目标

- 了解门面广告的设计方法
- 了解结合 Photoshop 软件制作门面实景效果的方法
- 掌握利用【图框精确剪裁】命令连续置入图像的方法
- 学习为位图图像添加白色边框及投影的方法
- 掌握利用【立体化】工具制作立体字的方法
- 熟悉绘制透视图形的方法
- 掌握利用【轮廓图】工具及【阴影】工具制作发光效果的方法
- 熟悉制作艺术效果字的方法

任务一　啤酒专卖店门面设计

本任务主要利用【矩形】工具、【贝塞尔】工具、【形状】工具、【文本】工具，并结合【图框精确剪裁】命令来设计啤酒专卖店的门面。

【步骤图解】

啤酒专卖店门面的设计过程示意图如图 5-2 所示。

① 绘制矩形图形，然后为其置入图片素材

② 添加标志及文字，即可完成门头设计

图5-2　啤酒专卖店门面的设计过程示意图

【设计思路】

这是一个啤酒专卖店的门面设计，背景色采用绿色，给人以清新自然的感觉；标题采用纯色的粗黑字体，非常醒目突出，且没有其他杂乱的文字，可以使消费者在远处就能看到，视觉冲击力非常强。

（一）　制作门头画面的背景

【步骤解析】

STEP 1　按 Ctrl+N 组合键，新建一个图形文件。

STEP 2　利用 ▢ 工具绘制矩形，然后为其填充深绿色（C:100,Y:100,K:50），并去除外轮廓。

STEP 3　按 Ctrl+I 组合键，将教学辅助资料中"图库\项目五"目录下名为"水珠背景.jpg"的图片导入，然后利用【图框精确剪裁】命令将其置入绿色的矩形中。

STEP 4　在编辑内容模式下，将水珠背景调整至如图 5-3 所示的形态。

STEP 5　利用 ＼ 工具和 ＼ 工具，在水珠背景的左侧位置绘制出如图 5-4 所示的黄色（Y:100）、无轮廓图形。

图5-3　背景图片调整后的形态

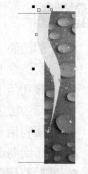
图5-4　绘制的图形

STEP 6　利用镜像复制操作，将绘制的黄色图形在垂直方向上镜像复制，然后将复制出的图形调整至如图 5-5 所示的形态。

STEP 7 按 Ctrl+I 组合键，将教学辅助资料中"图库\项目五"目录下名为"啤酒.psd"的图片导入，调整大小后放置到如图 5-6 所示的位置。

图5-5 复制出的图形

图5-6 啤酒图片放置的位置

STEP 8 单击 按钮，完成内容编辑，此时的画面效果如图 5-7 所示。

（二） 绘制标志并添加文字

【步骤解析】

STEP 1 接上例。利用 工具绘制圆形，然后将其向上移动复制，再按两次 Ctrl+R 组合键，重复复制出如图 5-8 所示的圆形。

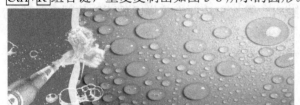
图5-7 制作的画面背景

图5-8 复制出的圆形

STEP 2 选择 工具，将属性栏中 ○ 3 选项的参数设置为"3"，然后绘制三角形图形。

STEP 3 选择 工具，按住 Shift 键单击绘制的圆形，然后按键盘中的 C 键，将图形快速在水平方向上以中心对齐，如图 5-9 所示。

STEP 4 选择 工具，将鼠标光标移动到如图 5-10 所示的位置单击，即可将该线段删除，如图 5-11 所示。

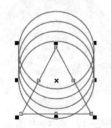
图5-9 图形对齐后的效果

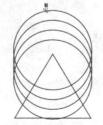
图5-10 鼠标光标放置的位置

图5-11 删除线段后的效果

【知识链接】

利用【虚拟段删除】工具 可以删除对象中的交叉部分（称为"虚拟线段"），其使用方法如下。

- 将鼠标光标移动到想要删除的线段上，当鼠标光标显示为▶️图标时，单击鼠标左键，即可删除选定的线段。

- 当需要同时删除某一区域内的多个线段时，可以将鼠标光标移动到该区域内按住左键拖曳鼠标光标，将需要删除的线段框选，释放鼠标左键后即可将框选的多个线段删除。

STEP 5 灵活运用✏️工具对图形进行修剪，只保留如图 5-12 所示的图形，然后将三角形图形选择并删除，剩余的圆形及修剪后的线形如图 5-13 所示。

STEP 6 为圆形填充红色（M:100,Y:100）并去除外轮廓，然后将线形的颜色修改为白色，并设置如图 5-14 所示的轮廓宽度。

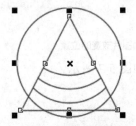

图5-12 修剪后的效果

图5-13 删除三角形后的效果

图5-14 设置颜色及线段宽度后的效果

知识提示 在设置图形的轮廓宽度时，最好利用🖊️工具进行设置，以便在弹出的【轮廓笔】对话框中勾选【随对象缩放】选项，这样以后再缩放图形时，不至于产生轮廓过粗或过细而影响最终作品效果的情况。另外，设置完轮廓的宽度后，也可利用【排列】/【将轮廓转换为对象】命令，将轮廓转换为图形。这样在缩放图形时，也不会出错。

STEP 7 利用⬭工具和🖊️工具绘制出如图 5-15 所示的图形，填充色为绿色（C:80,Y:100），轮廓色为白色。

STEP 8 将绘制的绿色图形缩小复制，并将复制出的图形调整至如图 5-16 所示的位置。

STEP 9 将两个绿色图形同时选择，然后将其在水平方向上向右镜像复制。

STEP 10 利用▶️工具选择两个大的绿色图形，单击属性栏中的🔲按钮，将其合并为一个整体，如图 5-17 所示。

图5-15 绘制的图形

图5-16 复制出的图形

图5-17 合并后的图形

STEP 11 将绘制的标志图形全部选择，调整大小后放置到背景画面的左上角位置，然后利用字工具在其下方输入如图 5-18 所示的白色文字。

STEP 12 继续利用字工具在背景画面中依次输入如图 5-19 所示的文字，即可完成门头画面的设计。

图5-18 输入文字

图5-19 制作的门头画面效果

 STEP 13 按 Ctrl + S 组合键，将此文件命名为"啤酒店门头.cdr"保存。
接下来我们制作门头画面在实景中的效果。

STEP 14 单击属性栏中的 📋 按钮，在弹出的【导出】对话框中设置图形要导出的
盘符位置，然后将【保存类型】选项设置为"JPG-JPEG 位图"，单击 [导出] 按钮。

知识提示

> 在导出图形时，如果没有任何图形处于选择状态，系统会将当前文件中的所有图形导出。如先选择了要导出的图形，在弹出的【导出】对话框中会显示【只是选定的】选项，勾选该复选项，系统会只将当前选择的图形导出。

STEP 15 此时系统会弹出如图 5-20 所示的【导出到 JPEG】对话框，在此对话框中可设置要导出图像的颜色模式、图像大小和分辨率等参数，如不进行修改，可直接单击 [确定] 按钮，稍等片刻，即可将制作的门头画面以"啤酒店门头.jpg"为名称导出。

图5-20 【导出到 JPEG】对话框

知识提示

> 注意选择的导出格式不同，弹出的对话框也各不相同。但对话框中的选项相似，主要用于设置导出图像的颜色模式、图像大小以及分辨率等。

【知识链接】

在 CorelDRAW 软件中最常用的导出格式有："*.AI"格式，可以在 Photoshop、Illustrator 等软件中直接打开并编辑；"*.JPG"格式，是最常用的压缩文件格式；"*.PSD"格式，是 Photoshop 的专用文件格式，将图形文件导出为此格式后，在 Photoshop 中打开，各图层将独立存在，前提是在 CorelDRAW 中必须分层创建各图形；"*.TIF"格式是制版输出时常用的文件格式。

STEP 16 启动 Photoshop 软件，将教学辅助资料中"图库\项目五"目录下名为 "啤酒专卖店.jpg"的图片文件以及刚才导出的"啤酒店门头.jpg"文件打开。

STEP 17 将"啤酒店门头"画面移动到"啤酒专卖店"文件上，然后灵活运用该 软件中的【自由变换】命令，将其调整出如图 5-21 所示的实景效果。

图5-21 制作的实景效果

在 CorelDRAW 软件中，读者可以利用【添加透视】命令来制作图形 的透视效果，但此命令不能运用于位图图形和添加了阴影效果的图形上。 因此，以上的门头实景效果是在 Photoshop 软件中制作的。如读者想在 CorelDRAW 软件中制作透视效果，在做作品时尽量不选用位图，或利用 【位图】/【轮廓描摹】/【高质量图像】命令先将位图转换为矢量图。

任务二　儿童摄影会馆门面设计

本任务主要利用各种绘图工具，并结合【立体化】工具、【阴影】工具，对儿童摄影 会馆的门面进行设计。通过本例的学习，希望读者能掌握制作立体字的方法。

【步骤图解】

儿童摄影会馆门面的设计过程示意图如图 5-22 所示。

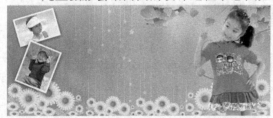

① 绘制矩形图形，然后为其置入图片素材并处理　　② 添加文字效果，即可完成门头的设计

图5-22 儿童摄影会馆门面的设计过程示意图

【设计思路】

这是一个儿童摄影会馆的门面设计。画面设计新颖、创意独特，画面中的儿童及主题 文字非常明确地告诉了人们这是一家儿童摄影会馆。主题文字采用多变的特殊字体，更体 现出了孩子们天真、活泼的一面，儿童看到会很容易被感染。

【步骤解析】

STEP 1　　按 Ctrl+N 组合键，新建一个图形文件。

STEP 2　　按 Ctrl+I 组合键，将教学辅助资料中"图库\项目五"目录下名为"背景.jpg"和"树叶.psd"的图片导入，两图片调整大小后放置的相对位置如图 5-23 所示。

图5-23　图片放置的位置

STEP 3　　按 Ctrl+O 组合键，将教学辅助资料中"作品\项目五"目录下名为"插画.cdr"的图片打开。

STEP 4　　选择下方作为草地的绿色图形，单击 按钮，切换到编辑模式下，然后选择如图 5-24 所示的花图形。

STEP 5　　按 Ctrl+C 组合键，将选择的图形复制，然后切换到新建的文件中，按 Ctrl+V 组合键，将复制的花图形粘贴至当前页面中，调整大小后放置到如图 5-25 所示的位置。

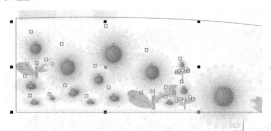

图5-24　选择花图形

图5-25　图形调整后放置的位置

STEP 6　　按 Ctrl+G 组合键将花图形群组，然后将其依次复制并调整大小，复制出的图形如图 5-26 所示。

STEP 7　　按 Ctrl+I 组合键，将教学辅助资料中"图库\项目五"目录下名为"儿童 01.psd"的图片导入，调整大小后放置到如图 5-27 所示的位置。

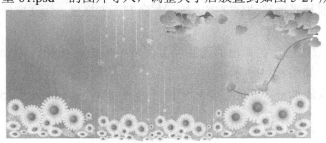

图5-26　复制出的花图形

图5-27　儿童图片放置的位置

STEP 8　　按 Ctrl+I 组合键，将教学辅助资料中"图库\项目五"目录下名为"儿童 02.jpg"的图片导入。

STEP 9 利用 工具绘制一个小矩形，然后将步骤 8 导入的儿童图片置于其中。

STEP 10 单击 按钮切换到编辑模式下，调整儿童图片的大小，如图 5-28 所示。

STEP 11 单击 按钮，完成图像的置入，然后将矩形调整大小及角度后，放置到背景图像的左上角位置，如图 5-29 所示。

STEP 12 将矩形的外轮廓修改为白色，并设置一个轮廓宽度，然后利用 工具为其添加如图 5-30 所示的阴影效果。

图5-28 调整的图片大小　　　图5-29 图片调整后的形态及位置　　　图5-30 添加的阴影效果

STEP 13 按 Ctrl+I 组合键，将教学辅助资料中"图库\项目五"目录下名为"儿童 03.jpg"的图片导入。

STEP 14 用与步骤 9～步骤 12 相同的方法，制作出如图 5-31 所示的图像效果。

STEP 15 利用 工具及移动复制和缩放操作，依次绘制出如图 5-32 所示的圆形。

 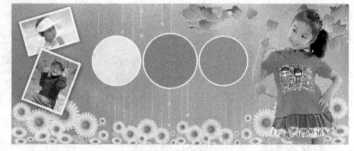

图5-31 制作的图像效果　　　　　　　图5-32 绘制的圆形

STEP 16 利用 字 工具，在圆形上输入如图 5-33 所示的蓝色（C:100,M:100）文字，选用的字体为"汉仪凌波体繁"。

STEP 17 选择 工具，将鼠标光标移动到文字上按下并向右下方拖曳，为文字制作立体效果。

STEP 18 单击属性栏中的 按钮，在弹出的【照明】面板中单击 按钮，添加一个灯光，然后调整灯光 1 的位置，如图 5-34 所示。

STEP 19 单击 按钮，再次添加一个灯光，然后调整灯光 2 的位置，如图 5-35 所示。

【知识链接】

利用【立体化】工具 可以使二维图形产生逼真的三维立体效果。当图形执行立体化命令后，通过设置属性栏中的选项，可以改变立体化的方向、光照的方向、填充颜色以及立体化的深度等。

单击属性栏中的【立体化照明】按钮，将弹出【照明】面板。在此面板中，可以为立体化图形添加光照效果和交互式阴影，从而使立体化图形产生的立体效果更强。

- 单击【照明】面板中的、或按钮，可以在当前选择的立体化图形中应用 1 个、2 个或 3 个光源，并在预览窗口中用数字圆圈标识。
- 在【照明】面板中再次单击添加的光源按钮，可以将其去除；在预览窗口中通过拖曳光源按钮可以移动其位置。
- 通过拖曳【强度】选项下方的滑块，可以调整光源的强度。向左拖曳滑块，可以使光源的强度减弱，使立体化图形变暗；向右拖曳滑块，可以增加光源的光照强度，使立体化图形变亮。需要注意的是，每个光源是单独调整的，在调整之前应先在预览窗口中选择好光源。
- 勾选【使用全色范围】复选框，可以使交互式阴影看起来更加逼真。

图5-33　输入的文字

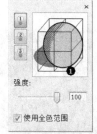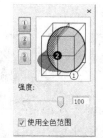

图5-34　设置灯光 1 位置　　图5-35　设置灯光 2 位置

生成的立体文字效果如图 5-36 所示。

STEP 20　利用工具在蓝色文字上单击，将文字选择，然后按键盘数字区中的田键，将文字在原位置复制，再分别修改文字的颜色，并添加白色的外轮廓，效果如图 5-37 所示。

图5-36　制作的立体字效果

图5-37　复制出的文字

STEP 21　利用字和工具，输入文字并添加如图 5-38 所示的阴影效果，即可完成门面的设计。

图5-38　制作的门面效果

STEP 22　按 Ctrl+S 组合键，将此文件命名为"摄影店门面设计.cdr"保存。

接下来，我们来制作实景效果。

STEP 23 按 Ctrl+I 组合键，将教学辅助资料中"图库\项目五"目录下名为"摄影店门面.jpg"的图片导入。

STEP 24 利用 ⬀工具和 ⬀工具，根据门面图像上方的空白位置，绘制出如图5-39所示的图形。

STEP 25 将上面制作的门面图形全部选择，然后将其置入绘制的不规则图形中，转换到编辑模式下，将门面画面调整至如图5-40所示的大小。

图5-39 绘制的图形

图5-40 门面画面调整后的大小

STEP 26 利用 ▫工具绘制一个矩形，将其覆盖整个图文框，然后为其添加如图5-41所示的渐变色。

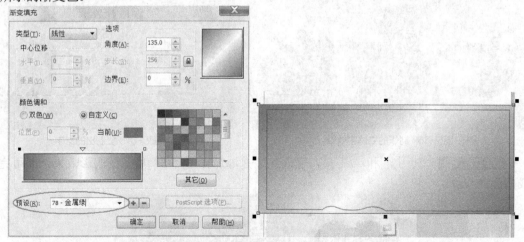

图5-41 绘制图形填充的渐变色

STEP 27 执行【排列】/【顺序】/【到图层后面】命令，将矩形调整至门头画面的下方，效果如图5-42所示。

STEP 28 单击 ⬜按钮，即可完成实景效果的制作，如图5-43所示。

图5-42 调整堆叠顺序后的效果　　　　　　　　图5-43 制作的实景效果

STEP 29 执行【文件】/【另存为】命令，将当前文件另命名为"摄影店门面实景效果.cdr"保存。

项目实训

参考本项目范例任务的操作过程，请读者设计出下面的电器店门面和快餐店门面。

实训一　电器店门面设计

要求：利用【钢笔】工具、【文本】工具、【形状】工具，并结合移动复制图形的操作方法及交互式调和图形的方法，设计如图 5-44 所示的电器店门面效果。

【设计思路】

这是一个电器销售连锁店的门面设计，采用亚克力材料制作。"创伟电器"四个字设计独特，整体造型就像一块电路板；"电器"两个字又像一节电池，突出了该连锁店为电子销售行业的特性。

【步骤解析】

STEP 1 新建文件，然后将教学辅助资料中"图库\项目五"目录下名为"电器门头.jpg"的图片文件导入。

STEP 2 利用 工具根据门面的形状依次绘制出如图 5-45 所示的灰色（K:60）图形。

图5-44 设计完成的电器店门面　　　　　　　图5-45 绘制的灰色图形

STEP 3 利用 🔳 工具，将两个灰色图形进行调和，效果如图 5-46 所示。

STEP 4 继续利用 🔳 工具和 🔳 工具，在门面的侧面位置制作出如图 5-47 所示的调和图形，然后执行【排列】/【拆分 调和群组】命令，将调和图形拆分，再执行【排列】/【取消群组】命令，取消图形群组。

图5-46 调和后的效果

图5-47 调和后的效果

STEP 5 利用 🔳 工具对取消群组后的图形分别进行调整，最终效果如图 5-48 所示。

STEP 6 将灰色图形全部选中并移动复制，然后将复制出的图形的颜色分别进行修改，正面图形的颜色为（C:30,M:40,Y:70）的土黄色，侧面图形的颜色为（C:40,M:50,Y:80）的土黄色，如图 5-49 所示。

图5-48 调整后的图形效果

图5-49 复制出的图形

STEP 7 利用 🔳 工具依次输入如图 5-50 所示的文字，然后按 Ctrl+K 组合键，将文字拆分为单独的字。

STEP 8 分别选择"创"字和"电"字，按 Ctrl+Q 组合键，将其转换为曲线，然后利用 🔳 工具及 🔳 工具，将其调整至如图 5-51 所示的形态。

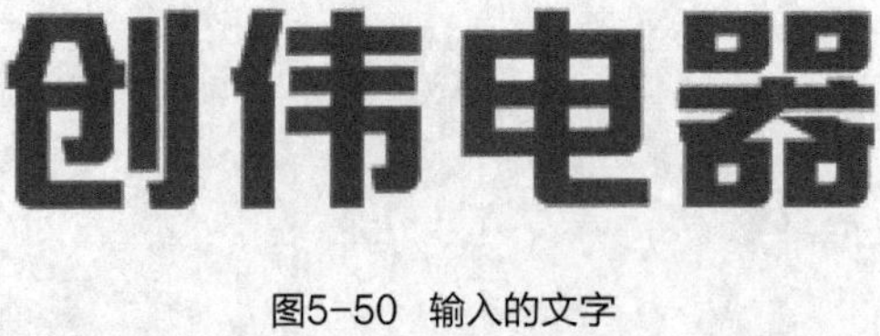

创伟电器　创伟电器

图5-50 输入的文字 　　　　　　　图5-51 调整后的形态

STEP 9 利用 🔳 工具在下方的框中输入英文字母，然后将文字全部选中并群组。

STEP 10 将文字移动到门面位置，然后利用 🔳 工具对其进行调整，效果如图 5-52 所示。

STEP 11 将调整透视后的文字移动复制，然后将复制出的文字修改为红色，如图 5-53 所示。

图5-52 调整透视后的形态

图5-53 复制出的文字

STEP 12 利用工具将两组文字进行调和，然后激活属性栏中的【顺时针调和】按钮，效果如图 5-54 所示。

图5-54 制作的立体字效果

STEP 13 用相同的方法，在门面右侧制作出"全国连锁"文字效果，即可完成门面的设计。

实训二　快餐店门面设计

要求：灵活运用【轮廓图】工具和【阴影】工具，为"小咪咪"快餐店设计夜晚的门面广告效果，如图 5-55 所示。

图5-55 设计完成的快餐店门面效果

【设计思路】

这是一个快餐店的门面设计，采用了常见的亚克力发光字，主要是为了营造晚上的一种街头气氛，只要晚上在远处能看到该门面是快餐店，标识显眼、突出即可。

【步骤解析】

STEP 1 新建文件，将教学辅助资料中"图库\项目五"目录下名为"快餐店门头.jpg"的图片导入。

STEP 2 利用 工具，根据门面的形状绘制如图 5-56 所示的深黄色（M:20,Y:100）线形，然后利用【排列】/【将轮廓转换为对象】命令将轮廓转换为对象。

图5-56 绘制的线形

STEP 3 利用 工具为深黄色图形制作轮廓图效果，群组后，再利用 工具为其添加发光效果，参数设置及生成的效果如图 5-57 所示。

图5-57 轮廓图与阴影参数设置及生成的霓虹灯管效果

STEP 4 利用 工具输入文字，然后选择【效果】/【添加透视】命令进行透视变形，再利用 工具为文字添加发光效果。

STEP 5 将教学辅助资料中"图库\项目五"目录下名为"小咪咪标志.cdr"的标志图形导入，透视变形后为其添加发光效果，制作如图 5-58 所示的门面效果。

图5-58 制作的门面效果

至此，门面设计基本完成。但从图 5-58 中可以看出线形和文字的发光效果超出了底图。下面利用【图框精确剪裁】命令对其进行编辑。

STEP 6 选择 □ 工具，根据"快餐店门头"图片的大小绘制相同大小的矩形，然后将除矩形外的所有图形选中，并利用【效果】/【图框精确剪裁】/【放置在容器中】命令，将其置入绘制的矩形中，即可完成快餐店门面设计。

项目小结

本项目主要介绍了门面设计，包括啤酒专卖店门面设计和儿童摄影会馆门面设计。希望读者通过本项目的学习，能够掌握利用【调和】工具制作立体效果字、利用【轮廓图】工具制作霓虹灯管效果、利用【阴影】工具制作发光效果及利用【添加透视】命令制作透视效果的方法，以便在实际工作过程中灵活运用，达到学以致用的目的。

思考与练习

1. 利用【贝塞尔】工具、【形状】工具、【基本形状】工具、【文本】工具及【排列】/【拆分】命令和【转换为曲线】命令，设计如图 5-59 所示的服装店门面。

2. 利用【矩形】工具、【钢笔】工具、【形状】工具、【文本】工具及【图框精确剪裁】命令及【交互式封套】工具，设计如图 5-60 所示的家纺店门面。

图5-59 设计完成的服装店门面

图5-60 设计完成的家纺店门面

项目六
报纸广告设计

报纸是人们熟知的广告宣传媒介之一。其内容十分丰富，题材几乎涉及社会生活的各个方面。因其阅读群体较为广泛，传播速度较快，宣传效果明显，很多商家与企业都利用报纸来刊登各种类型的广告。

本项目将为"华丽"汽车和"世纪阳光"大酒店设计报纸广告。设计完成的效果如图6-1所示。

图6-1 设计完成的报纸广告

知识技能目标

- 了解报纸广告的设计方法
- 熟悉利用【效果】/【调整】命令调整位图图像的颜色
- 掌握利用【透明度】工具合成图像的方法
- 了解段落文字的输入方法
- 掌握【网状填充】工具的应用
- 熟悉利用【变形】工具对图形进行变形的方法

任务一　汽车报纸广告设计

本任务主要运用【导入】命令和【文本】工具来设计汽车报纸广告。

【步骤图解】

汽车报纸广告的设计过程示意图如图 6-2 所示。

① 利用【导入】命令导入图片，然后利用【椭圆形】工具和【文本】工具绘制标志图形

② 依次输入文字信息，并添加树叶装饰图案，即可完成汽车报纸广告的设计

图6-2　汽车报纸广告的设计过程示意图

【设计思路】

这是一则汽车报纸广告。画面颜色采用了汽车内饰的米黄色，给人一种温暖、舒适以及健康的驾驶空间感觉。画面的左上角采用了汽车内饰的天窗，露出一片蓝天白云，创意巧妙，让人感觉到一种驾驶着该车驰骋在蓝天白云下的乐趣和成功人士的满足感。

【步骤解析】

STEP 1　　按 Ctrl+N 组合键，新建一个图形文件，然后按 Ctrl+I 组合键，将教学辅助资料中"图库\项目六"目录下名为"天窗.jpg"的图片导入，如图 6-3 所示。

STEP 2　　执行【效果】/【调整】/【颜色平衡】命令，在弹出的【颜色平衡】对话框中设置颜色参数，如图 6-4 所示。

图6-3　导入的素材图片

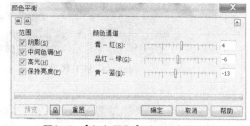

图6-4　【颜色平衡】对话框参数设置

STEP 3　　单击 确定 按钮，图片调整颜色后的效果如图 6-5 所示。

STEP 4　　按 Ctrl+I 组合键，将教学辅助资料中"图库\项目六"目录下名为"汽车.psd"的图片导入，然后调整大小，放置到如图 6-6 所示的位置。

图6-5　调整颜色后的效果

图6-6　导入的汽车图片

STEP 5 利用 🔍 工具绘制圆形，然后将其以中心等比例缩小复制，制作出如图 6-7 所示的效果。

STEP 6 将两个圆形同时选中，并按 Ctrl+L 组合键进行结合，然后为其填充红色（M:100,Y:100），效果如图 6-8 所示。

STEP 7 将结合后的图形移动复制，并将复制的图形调整至如图 6-9 所示的形态。

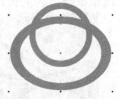

图6-7 绘制并复制出的圆形　　　　图6-8 结合后的效果　　　　图6-9 复制图形调整后的形态

STEP 8 按 Ctrl+PgDn 组合键，将复制出的图形调整至圆形的下方，然后利用 字 工具在其右侧输入如图 6-10 所示的红色（M:100,Y:100）字母。

STEP 9 将图形及文字选中并群组，然后为其添加白色的外轮廓线，调整大小后移动到如图 6-11 所示的位置。

图6-10 输入的字母　　　　　　　　　　图6-11 标志放置的位置

STEP 10 利用 字 工具，在画面中依次输入如图 6-12 所示的文字。

图6-12 输入的文字

STEP 11 灵活运用 ✎ 工具和 ✎ 工具绘制出如图 6-13 所示的树叶图形，将其群组后移动到画面中，并分别调整大小进行复制，最终效果如图 6-14 所示。

图6-13 绘制的树叶图形　　　　　　　　图6-14 复制出的树叶图形

STEP 12　　利用 ▢ 工具在画面的下方位置依次绘制白色和黑色的无外轮廓的矩形，然后将白色矩形调整至文字的后方，如图6-15所示。

图6-15　绘制的矩形

STEP 13　　至此，汽车报纸广告设计完成。按 Ctrl+S 组合键，将此文件命名为"汽车报纸广告.cdr"保存。

任务二　酒店报纸广告设计

本任务将综合运用各种绘图工具及菜单命令来设计酒店的报纸广告。

【步骤图解】

酒店报纸广告的设计过程示意图如图6-16所示。

② 绘制图形并添加标志及文字，制作贵宾卡

③ 灵活运用【图框精确剪裁】命令、【透明度】工具对各素材图片进行合成

④ 添加贵宾卡及价格文字

⑤ 依次输入相关文字，即可完成酒店报纸广告的设计

图6-16　酒店报纸广告的设计过程示意图

【设计思路】

这是一则酒店的报纸广告。由于旅客在入住酒店时都非常重视周围的环境，因此在设计广告时，蓝天、白云和湖面是首先要考虑的设计素材，以重点体现酒店舒适、优雅的环境。另外贵宾卡由热气球引出，表示巨大的优惠从天而降，更能吸引消费者。

（一） 设计标志并制作贵宾卡

首先来设计标志，然后制作贵宾卡图形。

【步骤解析】

STEP 1 　按 Ctrl+N 组合键，新建一个图形文件。

STEP 2 　利用 □ 工具和 ✎ 工具绘制图形，然后将图形全部选择并单击属性栏中的 ⬚ 按钮进行结合，制作出如图 6-17 所示的酒绿色（C:40,Y:100）、无外轮廓图形。

STEP 3 　利用 ◯ 工具绘制出如图 6-18 所示的圆形，注意图形的大小及位置。

图6-17　合并后的图形形态

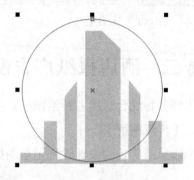

图6-18　绘制的圆形

STEP 4 　利用 ✎ 工具和 ✎ 工具绘制深黄色（M:20,Y:100）的无外轮廓图形，然后将其调整至如图 6-19 所示的位置。

STEP 5 　选择圆形，根据圆形的中心点添加如图 6-20 所示的辅助线。

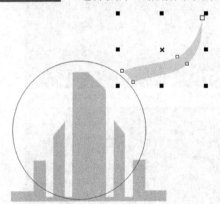

图6-19　绘制的图形

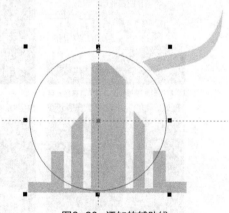

图6-20　添加的辅助线

【知识链接】

辅助线可以帮助用户准确地对图形进行定位和对齐。在系统默认状态下，辅助线是浮在整个图形上不可打印的线。

（1）添加辅助线。

在绘图窗口中添加辅助线的具体操作为：将鼠标光标移动到绘图窗口中的水平或垂直标尺上，按住鼠标左键向绘图窗口中拖曳鼠标光标，即可在绘图窗口中添加一条水平或垂直的辅助线。另外需要注意的是，只有在【视图】菜单中的【辅助线】命令被选择的情况下，才可以在绘图窗口中看到添加的辅助线。

（2）　移动辅助线。

选择 工具，将鼠标光标放置到需要移动位置的辅助线上，鼠标光标显示为双向箭头时按下并拖曳，即可移动辅助线的位置。

（3）　删除辅助线。

利用 工具在需要删除的辅助线上单击将其选择（此时辅助线显示为红色），然后按 Delete 键即可删除；或在需要删除的辅助线上单击鼠标右键，在弹出的右键菜单中选择【删除】命令，也可将选择的辅助线删除。

STEP 6　　选择黄色图形，并在其上再次单击，然后将显示的旋转中心调整至如图 6-21 所示的辅助线交点位置。

STEP 7　　将鼠标光标放置到黄色图形右上角的旋转符号上按下并向左上方拖曳，至合适位置后在不释放鼠标左键的情况下单击鼠标右键，旋转复制图形。

STEP 8　　依次按 Ctrl+R 组合键，将图形重复旋转复制，效果如图 6-22 所示。

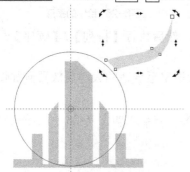

图6-21　旋转中心调整后的位置

图6-22　旋转复制出的图形

STEP 9　　选择圆形，单击属性栏中的 按钮，将圆形修改为弧线，然后设置属性栏中的参数为 。

STEP 10　　将弧线的颜色设置为酒绿色（C:40,Y:100），然后设置如图 6-23 所示的轮廓宽度。

STEP 11　　利用 工具及移动复制操作，依次绘制出如图 6-24 所示的深黄色（M:20,Y:100）无外轮廓的星形，然后将星形选择并按 Ctrl+G 组合键群组。

图6-23　设置后的弧线效果

图6-24　复制出的星形图形

STEP 12　　至此，标志设计完成，按 Ctrl+S 组合键，将此文件命名为"标志.cdr"保存。

接下来，制作贵宾卡效果。

STEP 13　　利用 工具绘制出如图 6-25 所示的圆角矩形，然后为其填充淡黄色（Y:20），并去除外轮廓。

STEP 14 执行【效果】/【图框精确剪裁】/【创建空 PowerClip 图文框】命令，将圆角矩形转换为图文框。

STEP 15 执行【效果】/【图框精确剪裁】/【编辑 PowerClip】命令，转换到编辑模式下，然后利用 ▣ 工具和 ▣ 工具绘制出如图 6-26 所示的褐色（C:40,M:50,Y:85）无外轮廓图形。

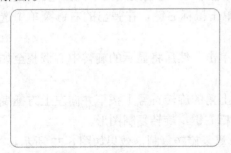

图6-25 绘制的圆角矩形

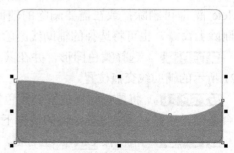

图6-26 绘制的图形

STEP 16 单击 ▣ 按钮，完成内容编辑操作，然后执行【排列】/【顺序】/【到图层后面】命令，将圆角矩形调整至标志图形的后面。

STEP 17 将标志图形全部选择并群组，然后调整至合适的大小后放置到如图 6-27 所示的位置。

STEP 18 利用 ▣ 工具和 字 工具绘制长条矩形，并输入如图 6-28 所示的字母，填充颜色都为褐色（C:40,M:50,Y:85）。

图6-27 标志图形放置的位置

图6-28 绘制的图形及输入的字母

STEP 19 继续利用 字 工具，依次输入如图 6-29 所示的文字。

STEP 20 选择 ▣ 工具，按住 Ctrl 键单击标志群组中的星形图形将其选择，然后利用移动复制操作将其复制一组，调整大小后放置到酒店名称的下方。

STEP 21 利用 ▣ 工具，在"贵宾卡"文字下方的中间位置绘制出如图 6-30 所示的小圆形。

图6-29 输入的文字

图6-30 制作的贵宾卡效果

STEP 22 执行【文件】/【另存为】命令，将此文件另命名为"贵宾卡.cdr"保存。

（二） 设计报纸广告

下面来设计整体的报纸广告。

【步骤解析】

STEP 1 按 Ctrl+N 组合键，新建一个图形文件。

STEP 2 绘制矩形，利用【效果】/【图框精确剪裁】/【创建空 PowerClip 图文框】命令将其转换为图文框。

STEP 3 单击 按钮进入编辑模式，然后按 Ctrl+I 组合键，将教学辅助资料中"图库\项目六"目录下名为"蓝天背景.jpg"的图片导入，调整大小后放置到如图 6-31 所示的位置。

STEP 4 单击 按钮完成内容的编辑，然后再次按 Ctrl+I 组合键，将教学辅助资料中"图库\项目六"目录下名为"酒店.psd"的图片导入，调整大小后放置到如图 6-32 所示的位置。

图6-31 矩形形态及调整的图片位置

图6-32 图片调整后放置的位置

STEP 5 选择 工具，将鼠标光标移动到"酒店"图片的左侧，按下鼠标左键并向右拖曳鼠标光标，为图片添加如图 6-33 所示的透明效果。

STEP 6 按 Ctrl+I 组合键，将教学辅助资料中"图库\项目六"目录下名为"热气球.psd"的图片导入。

STEP 7 按 Ctrl+U 组合键，将图形的群组取消，然后分别选择热气球图形进行大小及角度的调整，最终效果如图 6-34 所示。

图6-33 添加的透明效果

图6-34 图片调整后的形态

STEP 8 打开上一节保存的"贵宾卡.cdr"文件，双击 工具将图形全部选择，然后按 Ctrl+C 组合键复制图形。

STEP 9 切换到新建的图形文件中，按 Ctrl+V 组合键将复制的贵宾卡图形粘贴至当前页面中，然后按 Ctrl+G 组合键，将其群组。

STEP 10   调整贵宾卡图形的大小及角度，然后依次复制两个，分别调整其大小和角度后放置到如图 6-35 所示的位置。

STEP 11   利用 字 工具，在每张贵宾卡的下方输入如图 6-36 所示的数字。

图6-35 贵宾卡图形调整后的大小及位置   图6-36 输入的数字

STEP 12   用与以上复制图形相同的方法，将"贵宾卡"中的标志及右上角的酒店名称复制到当前页面中，然后利用 口 工具分别为其添加如图 6-37 所示的阴影效果。

图6-37 添加的阴影效果

STEP 13   灵活运用 字 工具依次输入如图 6-38 所示的报纸广告文字。

STEP 14   继续利用 字 工具在画面的右下角输入白色的"世纪阳光集团大酒店拥有此活动最终解释权"文字，即可完成报纸广告的设计，如图 6-39 所示。

图6-38 输入的文字   图6-39 制作的报纸广告效果

STEP 15   按 Ctrl+S 组合键，将此文件命名为"报纸广告.cdr"保存。

【视野拓展】——报纸广告的基础知识

（1） 报纸广告的特点。

● 宣传广泛：一般非专业性报纸的发行面都比较广，各种层次的读者都有，所以一些大众消费类商品的广告较适合在报纸上刊登，也能收到较好效果。

- 快速：报纸的印刷和销售速度非常快，所以适合刊登需要及时宣传的新产品广告。
- 连续性：因为报纸日日发行，所以具有极强的连续性，商家可以利用此特点，在报纸上反复刊登同一广告，从而加深大众的印象。
- 经济性：常见的报纸大都是黑白印刷，所以投放报纸广告的价格相对比较低。

（2） 报纸稿设计版式安排。

报纸广告的版面安排有整版、半版、通栏、半通栏等形式，其在报纸上的位置没有固定要求，大多数都安排在每版新闻的下边，但随着报纸类型的增加及阅读的规范性改进，很多报纸都设有广告专栏，分类刊登广告，在设计时可根据分类广告专栏的面积进行设计编排。

（3） 报纸稿设计要点。

在报纸稿设计制作过程中要注意广告的视觉宣传效果，因为在整版报纸中如果要引起读者注意，并且细读所刊登的广告是非常困难的，所以在广告设计时要注意以下几点。

- 要处理好轮廓、空白、插图以及标题之间的位置编排关系。
- 版面要简洁明了，使读者在瞬间的视觉接触下就能够感受到强烈的诉求魅力。
- 内容及形式的表现须具有统一性。
- 画面的视线诱导必须能够顺利而自然地达到诉求重点。

项目实训

参考本项目范例任务的操作过程，请读者设计出下面的房地产报纸广告和化妆品报纸广告。

实训一　房地产报纸广告设计

要求：综合运用各种绘图工具、交互式工具、菜单命令及素材图片，设计如图 6-40 所示的房地产报纸广告。

图6-40　设计完成的房地产报纸广告

【设计思路】

　　这是一幅房地产报纸广告。画面中最能引起人们注意的是画面右下角残破的古书，以及左下角创意独特的摆在一起的鹅卵石，突出了"书香人家"所特有的文化氛围。半透明的楼盘效果图以及含蓄的月亮，给人一种书香门第所特有的神秘感。

【步骤解析】

STEP 1　　导入教学辅助资料中"图库\项目六"目录下名为"效果图.psd"的图片文件，调整大小后为其添加 70%的标准透明，然后在水平方向上镜像复制。

STEP 2　　绘制白色的圆形，利用【位图】/【转换为位图】命令将其转换为位图，再利用【位图】/【模糊】/【高斯式模糊】命令制作模糊效果，参数设置如图 6-41 所示。

STEP 3　　利用 🔲 工具为转换为位图并执行模糊后的圆形添加图 6-42 所示的透明效果。

图6-41　【高斯式模糊】对话框中的参数设置　　　　图6-42　添加透明后的效果

STEP 4　　标志图形的绘制过程示意图如图 6-43 所示。

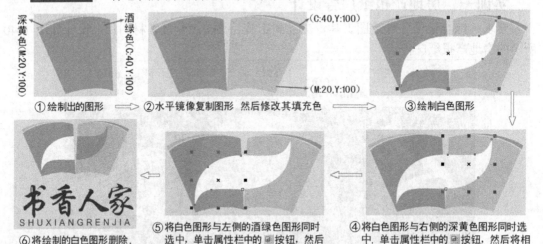

图6-43　标志图形的绘制过程示意图

STEP 5　　房地产报纸广告中引用的其他素材图片分别为教学辅助资料中"图库\项目六"目录下名为"石头.psd""书籍.psd"和"叶子.cdr"的图片。

STEP 6　　灵活运用绘图工具及 🔲 工具绘制地图图形，然后利用 🔲 工具依次输入相关文字，即可完成房地产报纸广告的设计。

实训二　化妆品报纸广告设计

要求：利用【矩形】工具、【网状填充】工具、【阴影】工具及【封套】工具，设计如图 6-44 所示的化妆品报纸广告。

【设计思路】

这是一幅化妆品的报纸广告，在画面的中间位置放置了化妆品的图片，可以给人很强的视觉冲击力；整体色调为绿色，体现了化妆品自然、环保的理念；选用翩翩起舞的蝴蝶，寓意用后会有美的蜕变，让人不免产生想要尝试和体验的冲动。

【步骤解析】

STEP 1　新建一个图形文件，双击 工具绘制矩形，然后为其填充绿色（C:100,Y:100），并去除外轮廓。

STEP 2　选择 工具，将属性栏中的【网格大小】选项参数设置为 ，此时矩形中即显示如图 6-45 所示的控制点。

图6-44　设计完成的化妆品报纸广告

知识提示　当为图形应用交互式网状填充时，有多少个网格和节点就可以添加多少种颜色，还可以像使用【形状】工具那样对网格的节点进行调整和改变节点的属性。

STEP 3　框选如图 6-46 所示的控制点，利用 工具将颜色设置为春绿色（C:70,M:10,Y:100），选择控制点位置即显示设置的颜色。

STEP 4　依次选择不同的控制点进行颜色的设置，然后分别调整个别控制点的位置，将矩形调整为如图 6-47 所示的背景效果。

图6-45　显示的颜色控制点

图6-46　框选控制点形态

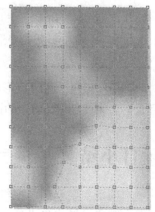

图6-47　网状填充后的效果

STEP 5　单击属性栏中的 按钮，将颜色平滑处理，然后按 Ctrl+I 组合键，将教学辅助资料中"图库\项目六"目录下名为"化妆品.psd"的图片导入，调整大小后放置到如图 6-48 所示的位置。

STEP 6 继续按 Ctrl+I 组合键，将教学辅助资料中"图库\项目六"目录下名为"蝴蝶.psd"的图片导入，取消群组后，分别调整图片的大小及位置，效果如图 6-49 所示。

STEP 7 利用 字 工具依次输入如图 6-50 所示的文字。

图6-48 化妆品放置的位置

图6-49 导入的蝴蝶素材

图6-50 输入的文字

STEP 8 利用 ⬡ 工具绘制如图 6-51 所示的八边形图形，然后为其填充橘红色（M:60,Y:100）并去除外轮廓。

STEP 9 选择 ⬡ 工具，将鼠标光标移动到八边形的中心位置按下并向左拖曳，可将多边形调整为花形，如图 6-52 所示。

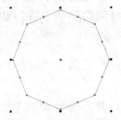
图6-51 绘制的八边形

图6-52 制作的花形效果

知识提示

利用【交互式变形】工具 ⬡ 可以为选择的矢量图形创建特殊的变形效果。交互式变形包括推拉变形、拉链变形和扭曲变形 3 种变形方式。

STEP 10 将"花形"调整至文字的下方，再导入教学辅助资料中"图库\项目六"目录下名为"树叶.psd"的图片，即可完成化妆品的广告设计。

项目小结

本项目主要介绍了报纸广告的设计方法，包括"华丽"汽车报纸广告设计及"世纪阳光"大酒店报纸广告设计。通过本项目的学习，希望读者能对报纸广告的设计过程和创意形式有所了解，并对用过的工具及菜单命令熟练掌握。另外，读者要多留意一些成功的广告作品，从中得到更多的启发，这将有助于自己设计能力的提高，使自己的设计才华在工作过程中得到最大化体现。

思考与练习

1.　灵活运用基本绘图工具、移动复制操作及【透明度】工具、【图框精确剪裁】命令和【文本】工具，设计如图 6-53 所示的通信报纸广告。

2.　利用【矩形】工具、【导入】命令、【图框精确剪裁】命令、【阴影】工具、【文本】工具、【基本形状】工具、【椭圆形】工具及【封套】工具及移动复制操作，设计如图6-54 所示的动物园推广年卡报纸广告。

图6-53　设计的通信报纸广告

图6-54　设计的动物园推广年卡报纸广告

项目七
网络视觉元素设计

PART 7

]

　　随着网络技术的不断发展，网络的应用也越来越广泛。许多商家通过网络宣传自己的产品，并为顾客提供网上服务。顾客可以坐在家里，通过商家的网络广告了解更多的资讯、浏览各商家的产品或采购需要的物品等。

　　本项目将设计几种常见的网络视觉元素，设计完成的效果如图7-1所示。

图7-1　设计完成的网站广告及主页效果

知识技能目标

- 了解网络宣传作品的设计方法
- 掌握利用【轮廓图】工具制作轮廓图形，并进行编辑的方法
- 掌握【立体化】工具的灵活运用
- 熟悉利用【阴影】工具制作发光效果的方法
- 掌握图形堆叠顺序的调整
- 掌握制作星光效果的方法

任务一　化妆品网络广告设计

本任务综合运用各种绘图工具、【透明度】工具、移动复制操作、缩放操作及【文本】工具，设计化妆品的网络促销广告。

【步骤图解】

化妆品网络促销广告的设计过程示意图如图 7-2 所示。

① 导入图像并制作轮廓效果，然后绘制泡泡图形　② 依次输入相关文字，即可完成网络广告设计

图7-2　化妆品网络促销广告的设计过程示意图

【设计思路】

该案例是在项目六制作的报纸广告的基础上来制作的网络广告，选用的人物图像，从其神情中可以看出有充分的自信，这种表情可以感染到每一个人，不免会联想到化妆品的功效。另外，画面中绘制了两处颜色比较特殊的小圆形，以引出该化妆品的网址，突出、醒目，即美观又起到了宣传的作用。

【步骤解析】

STEP 1　　新建一个图形文件，利用 ▢ 工具绘制矩形，然后为其填充渐变色并去除外轮廓，填充的渐变色及填充后的效果如图 7-3 所示。

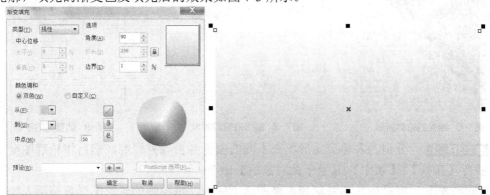

图7-3　设置的渐变颜色及填充后的效果

STEP 2　　继续利用 ▢ 工具绘制出如图 7-4 所示的灰色（C:15,M:10,Y:20）、无外轮廓矩形。

STEP 3　　导入教学辅助资料中"图库\项目七"目录下名为"人物.psd"的图片，调整大小后放置到如图 7-5 所示的位置。

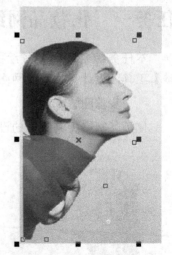

图7-4　绘制的矩形　　　　　　　　　　　　　　图7-5　图片调整后的大小及位置

STEP 4　　利用🖊工具和🖊工具，按照人物图片的轮廓绘制出如图 7-6 所示的轮廓图形。

接下来制作轮廓效果，为了能看清，首先将绘制的轮廓图形移动到画面的空白位置。

STEP 5　　选择🔲工具，在轮廓图形上按下鼠标左键并向外拖曳，为其添加如图 7-7 所示的轮廓效果。

STEP 6　　依次按 Ctrl+K 组合键和 Ctrl+U 组合键，将轮廓图拆分并取消群组，然后利用🖊工具分别调整各图形形态，最终效果如图 7-8 所示。

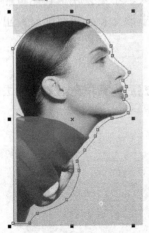

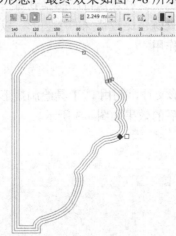

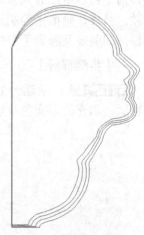

图7-6　绘制的轮廓图形　　　　　　图7-7　制作的轮廓效果　　　　　　图7-8　调整后的形态

STEP 7　　分别为各轮廓图形填充不同的颜色并去除外轮廓，然后将轮廓图全部选择，执行【排列】/【顺序】/【置于此对象后】命令。

STEP 8　　将鼠标光标移动到人物图形上单击，将绘制的轮廓图形调整至人物的下方位置，再将其移动到如图 7-9 所示的位置。

STEP 9　　依次导入教学辅助资料中"图库\项目七"目录下名为"化妆品.psd"和"蝴蝶.psd"的图片文件，调整大小后分别放置到如图 7-10 所示的位置。

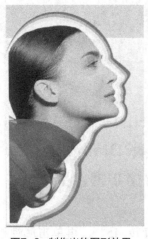

图7-9 制作出的图形效果

图7-10 图片调整后放置的位置

下面利用 ◌ 工具和 ♀ 工具来绘制气泡图形。

STEP 10 利用 ◌ 工具绘制白色的无外轮廓圆形，然后选择 ♀ 工具，单击属性栏中的 无 ▼ 按钮，在弹出的列表中选择【辐射】选项，然后设置其他各项参数如图7-11所示。

图7-11 设置的属性参数

STEP 11 圆形添加透明度后的效果如图7-12所示。

STEP 12 继续利用 ◌ 工具绘制出如图7-13所示的白色小圆形。

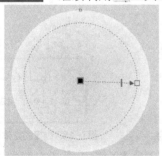

图7-12 设置透明度后的效果

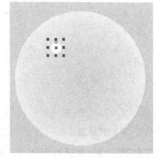

图7-13 绘制的小圆形

STEP 13 将两个圆形同时选择并群组，然后用移动复制及缩小操作依次复制出如图7-14所示的气泡图形。

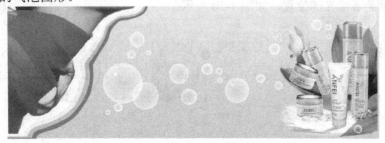

图7-14 复制出的气泡图形

STEP 14 利用 字 工具依次输入广告文字，然后利用工具绘制一个星形图形放置其中，效果如图7-15所示。

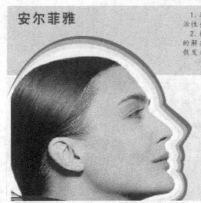

安尔菲雅

1. 海世界系SION面部肌肤护理佳品，邀涵溪海生物精华，纯净无污染、活性领且亲致性强，能给予面部肌肤完美、细心的呵护。
2. 植物洁即SION熏香精油系列产品，天然精纯的植物荷尔蒙能快速高效的解决各种面部及身体问题，使您拥有白皙水嫩的肌肤，玲珑美妙的身材，散发无限青春光彩。

www.anerfeiya.com

WATER SHINE

Hyper ✳ Diamonds

高保湿护理套装

图7-15 输入的文字及绘制的星形

STEP 15 利用 □ 工具绘制正方形图形，然后将其旋转 45°，再单击属性栏中的 按钮，将其转换为曲线图形。

STEP 16 双击 工具，将图形的所有节点全部选择，然后单击属性栏中的 按钮，在各条边的中间位置再添加一个节点，如图 7-16 所示。

STEP 17 选择最上方的节点，按 $\boxed{\text{Delete}}$ 键删除，然后为图形填充洋红色，并去除外轮廓，如图 7-17 所示。

STEP 18 选择 工具，将鼠标光标移动到图形上按下鼠标左键并拖曳，为图形添加立体效果。

STEP 19 单击属性栏中的 □▼ 按钮，在弹出的列表中选择如图 7-18 所示的立体化类型。

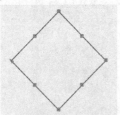

图7-16 添加的节点

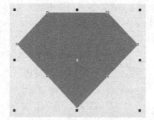

图7-17 删除节点后的效果

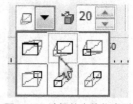

图7-18 选择的立体化类型

STEP 20 单击属性栏中的 按钮，在弹出的【颜色】面板中激活右侧的 按钮，然后将下方的【从】颜色设置为洋红色，【到】颜色设置为红色，如图 7-19 所示。

STEP 21 单击属性栏中的 按钮，在弹出的【照明】面板中依次单击各灯光按钮，并分别调整各灯光的位置，如图 7-20 所示。

图7-19 设置的立体颜色

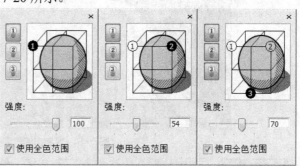

图7-20 设置的灯光参数

此时生成的立体化图形如图 7-21 所示。

STEP 22 选择 🔧 工具，在立体化图形上单击将其选择，然后按键盘数字区中的 ⊞ 键将其在原位置复制，再单击属性栏中的 🔲 按钮，将复制图形的立体化效果取消，制作的"钻石"效果如图 7-22 所示。

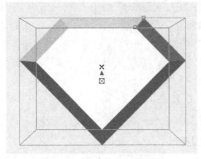

图7-21 生成的立体化效果

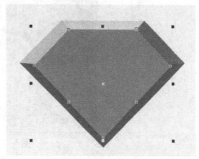

图7-22 制作的"钻石"效果

STEP 23 利用 字 工具在"钻石"图形上输入白色的"全新"文字，然后将其与下方的"钻石"图形一起选择并群组。

STEP 24 用移动复制图形操作，复制"钻石"图形，并分别放置到如图 7-23 所示的位置。

图7-23 添加的"钻石"图形

STEP 25 利用 ◯ 工具及缩小复制操作，依次绘制出如图 7-24 所示的圆形。

STEP 26 利用 字 工具在圆形中输入黑色的"点击"文字。

STEP 27 选择 🔧 工具，单击属性栏中的 🔽 按钮，在弹出的列表中选择如图 7-25 所示的箭头图形。

STEP 28 在画面中拖曳鼠标光标绘制箭头图形，然后为其填充洋红色并去除外轮廓，再调整至如图 7-26 所示的形态。

图7-24 绘制的圆形

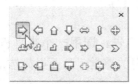

图7-25 选择的箭头图形

图7-26 绘制的箭头图形

STEP 29 将图 7-26 所示的图形全部选择并群组，然后调整至合适的大小后放置到画面的右上角位置。

STEP 30 用移动复制操作将网址文字及下方的群组图形复制一组，调整大小及箭头图形旋转角度后，放置到画面下方的中间位置，如图 7-27 所示。

图7-27 复制出的文字及图形

STEP 31 至此，化妆品的网络广告设计完成，按 Ctrl+S 组合键，将此文件命名为"化妆品网络广告.cdr"保存。

任务二 数码产品网络广告设计

本任务主要运用基本绘图工具及旋转复制、移动复制和缩放操作来设计数码产品的网络广告。

【步骤图解】

数码产品网络广告的设计过程示意图如图 7-28 所示。

① 灵活运用各种复制操作绘制图案，然后导入人物图片，制作广告的背景

② 导入数码产品图形，然后绘制音乐符号并输入相关文字，即可完成广告的设计

图7-28 数码产品网络广告的设计过程示意图

【设计思路】

该案例是一个 MP3 的销售广告。选用一个带耳机的人物图像，并绘制一些音乐符号，给人一种听着音乐，悠然自得的感觉，画面虽简洁却表达到位。

【步骤解析】

STEP 1 新建一个图形文件。

STEP 2 利用 ▢ 工具和 ✎ 工具依次绘制出如图 7-29 所示的矩形和不规则图形。

STEP 3 利用 ◯ 工具和 ✎ 工具以及旋转复制图形操作，依次绘制并复制出如图7-30 所示的灰色（C:3,Y:3,K:12）花形。

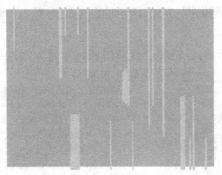

图7-29 绘制的图形

图7-30 绘制的花形

STEP 4 将花形全部选择后群组，然后用移动复制和缩放操作，依次复制出如图7-31所示的花形。

STEP 5 导入教学辅助资料中"图库\项目七"目录下名为"女孩.cdr"的图片文件，调整大小后放置到如图7-32所示的位置。

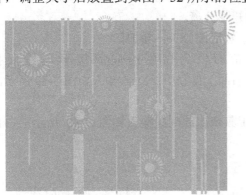

图7-31 复制出的花形

图7-32 女孩图像放置的位置

STEP 6 将除大矩形外的所有图形选择，然后利用【效果】/【图框精确剪裁】/【置于图文框内部】命令，将选择的图形放置到大矩形中，置入容器后的图形效果如图7-33所示。

STEP 7 利用🖑工具、🖉工具和🖌工具以及镜像复制和缩放操作，依次绘制并复制出如图7-34所示的白色音乐符号。

图7-33 置入矩形后的效果

图7-34 绘制的音乐符号

STEP 8 利用🔲工具绘制一个轮廓色为白色的倾斜矩形。然后将教学辅助资料中"图库\项目七"目录下名为"MP3.psd"的文件导入，调整后放置到如图7-35所示的位置。

STEP 9　利用  工具将倾斜矩形调整至如图 7-36 所示的圆角矩形形态，然后单击属性栏中的 ◎ 按钮，将其转换为曲线图形。

STEP 10　利用  工具在如图 7-37 所示的外轮廓位置双击鼠标左键，添加一个节点，然后单击属性栏中的 按钮，在添加的节点位置处将曲线图形拆分。

图7-35　图形调整后放置的位置

图7-36　调整为圆角矩形时的状态

图7-37　添加节点位置

STEP 11　用与步骤 10 相同的方法，在如图 7-38 所示的位置添加节点并进行拆分，然后按 Ctrl+K 组合键将拆分的线段与圆角矩形分离。

STEP 12　利用 工具选择拆分的线段，然后按 Delete 键删除。

STEP 13　利用 工具再绘制一个轮廓色为白色的倾斜矩形，然后按 Ctrl+PageDown 组合键将其调整至 MP3 图形的后面，再利用 字 工具输入如图 7-39 所示的白色文字。

STEP 14　继续利用 、 、 ○, 和 字 工具依次绘制并输入如图 7-40 所示的白色圆形和文字。

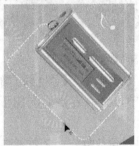
图7-38　添加节点位置

图7-39　绘制的图形及输入的文字

图7-40　输入的文字

至此，数码产品广告设计完成，其整体效果如图 7-41 所示。

图7-41　设计的数码产品网络广告

STEP 15　按 Ctrl+S 组合键，将此文件命名为"数码产品广告.cdr"保存。

任务三 网站主页设计

本任务综合运用基本绘图工具、各种效果工具、【文本】工具、【导入】命令和【图框精确剪裁】命令，设计"世纪阳光大酒店"的网站主页。

【步骤图解】

"世纪阳光大酒店"的网站设计过程示意图如图 7-42 所示。

① 灵活运用【导入】命令、【矩形】工具、【文字】工具、【椭圆形】工具及【透明度】工具来制作网站的导航条

② 灵活运用复制操作，将前面制作报纸广告中的素材复制到当前文件中，制作出网站的主图像

③ 综合运用各种绘图工具、【文字】工具、【调和】工具及【图框精确剪裁】命令，制作出网站中的其他内容

图7-42 "世纪阳光大酒店"的网站设计过程示意图

【设计思路】

该主页是一个大酒店的网站主页，是在项目六报纸广告的基础上进行设计的。在设计主页时主要分为三部分，首先是设计网站的导航条；然后制作出网站中的主图像及主要宣传内容；再就是添加辅助内容以及最下方的版权声明信息。了解了这个过程，读者就可以按部就班地进行设计了。

（一）制作导航条

【步骤解析】

STEP 1　　　新建一个图形文件。

STEP 2　　　利用 □ 工具绘制矩形，然后为其自上向下填充由青色（C:100）到浅蓝色（C:10）的线性渐变色，并去除外轮廓。

STEP 3　　　按 Ctrl+O 组合键，将项目六中设计的"报纸广告.cdr"文件打开。

STEP 4　　　利用 ▷ 工具选择右上方的标志组合并复制，然后切换到新建的文件中，粘贴复制的标志图形，调整大小后放置到画面的左上角位置。

STEP 5　　　继续利用 □ 工具绘制出如图 7-43 所示的淡蓝色（C:40）、无外轮廓的矩形。

STEP 6　　　按住 Shift 键，将鼠标光标放置到选择图形上方中间的控制点上，按下鼠标左键并向下拖曳，至如图 7-44 所示的状态时，在不释放鼠标左键的情况下单击鼠标右键，缩小并复制一个矩形。

图7-43　绘制的矩形

图7-44　缩小复制图形形态

STEP 7　　　将复制出图形的颜色修改为蓝色（C:100,M:20），然后利用 字 工具在其上方依次输入如图 7-45 所示的白色文字。

首页　｜　酒店简介　｜　客房介绍　｜　餐饮服务　｜　娱乐休闲　｜　在线留言　｜　联系我们

图7-45　输入的文字

知识提示　　　图 7-45 所示两组文字相邻之间的竖线也是利用工具输入上去的，即按住 Shift 键单击键盘中的 ＼ 键即可。

STEP 8　　　按 Ctrl+I 组合键，将教学辅助资料中"图库\项目七"目录下名为"花草.psd"的图片文件导入，按 Ctrl+U 组合键，取消图形的群组，然后分别选择图形将其调整大小后放置到如图 7-46 所示的位置。

知识提示　　　注意，剩余的图形可放在页面的空白处，以便在下面的操作过程中调用。

STEP 9　　　选择"小花"图形，将其依次向左复制两组，效果如图 7-47 所示。

图7-46　各图片调整后的大小及位置

图7-47　复制出的图形

STEP 10　　　将复制出的小花图形全部选择，按键盘数字区中的 + 键再次进行复制，然后单击属性栏中的  按钮，将复制出的花形在水平方向上镜像，得到如图 7-48 所示的花效果。

图7-48　复制出的花图形

STEP 11　利用 字 工具在花图形上方依次输入如图 7-49 所示的黑色文字。

STEP 12　利用 ○ 工具根据输入文字的范围绘制出如图 7-50 所示的椭圆形。

图7-49　输入的文字

图7-50　绘制的椭圆形

STEP 13　为椭圆形填充黑色，然后利用 工具为其添加阴影效果，并将阴影颜色设置为白色，再设置属性栏中的其他各项参数如图 7-51 所示。

图7-51　设置的属性参数

STEP 14　按 Ctrl+K 组合键，将添加的阴影与黑色椭圆形拆分，然后利用 工具选择黑色图形并按 Delete 键删除，得到的阴影效果如图 7-52 所示。

STEP 15　执行【排列】/【顺序】/【置于此对象前】命令，然后将鼠标光标放置到步骤 2 中绘制的矩形上单击，将阴影效果调整至文字的下方。

STEP 16　调整阴影图形的大小，使其发光区域布满输入文字的范围，如图 7-53 所示。

图7-52　得到的阴影效果

图7-53　调整后的效果

STEP 17　至此，导航条绘制完成，按 Ctrl+S 组合键，将此文件命名为"酒店网站.cdr"保存。

（二）制作网站主页内容

【步骤解析】

接上例。

STEP 1　按 Ctrl+O 组合键，将项目六中设计的"报纸广告.cdr"文件打开。

STEP 2　利用 工具选择最下方的矩形，然后将其复制，并粘贴至"酒店网站"文件。

STEP 3　利用 工具，将矩形调整为圆角矩形，然后为其添加白色的外轮廓。

STEP 4　单击属性栏中的 按钮，将矩形转换为曲线，然后利用 工具将其调整至如图 7-54 所示的形态。

图7-54 调整后的图形形态

知识提示 　　在调整图形的大小时，千万不能直接利用 🔲 工具进行垂直压缩。要利用 🔲 工具分别选择圆角矩形上方的节点向下调整，然后选择下方的节点向上调整，这样才能确保中间的图像不发生变形，希望读者注意。

STEP 5 　　切换到"报纸广告.cdr"文件，然后依次将热气球、贵宾卡和主要文字复制到"酒店网站"文件中，各图形及文字调整后的大小及位置如图 7-55 所示。

图7-55 复制的图形及文字

STEP 6 　　利用 🔲 工具在主图像的下方依次绘制出如图 7-56 所示的圆角矩形。

STEP 7 　　选择上面导入"花草.psd"文件时剩下的向日葵图形，然后将其置入左侧的圆角矩形中，效果如图 7-57 所示。

图7-56 绘制的圆角矩形

图7-57 置入的图片

STEP 8 　　利用 字 工具、🔲 工具、🔲 工具和 🔲 工具，在两个圆角矩形中依次输入文字并绘制图形，效果如图 7-58 所示。

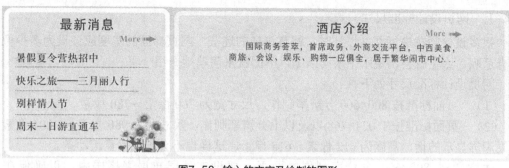

图7-58 输入的文字及绘制的图形

STEP 9 　利用 □ 工具及移动复制操作，在右侧圆角矩形中再绘制出如图 7-59 所示的圆角矩形。

STEP 10 　导入教学辅助资料中"图库\项目七"目录下名为"房间.jpg"、"餐厅.jpg"和"风景.jpg"的图片文件，然后利用【图框精确剪裁】命令，将其分别置入绘制的圆角矩形中，如图 7-60 所示。

图7-59　绘制的圆角矩形

图7-60　置入图像后的效果

STEP 11 　选择上面导入"花草.psd"文件时剩下的单独小花图形，调整大小后放置到"酒店介绍"文字的左侧，然后复制一组，在水平方向上镜像后移动到"酒店介绍"文字的右侧。

STEP 12 　利用 字 和 ▲ 工具在整个画面的下方输入版权声明文字，再绘制如图7-61 所示的直线，即可完成网站的设计。

图7-61　输入的版权声明文字

STEP 13 　按 Ctrl+S 组合键，将此文件保存。

【视野拓展】——网站设计的基础知识

一个漂亮的网页离不开美工的精心策划设计，而对于没有一定美术设计功底的读者来说，学习和掌握一些网页美工设计基础知识是非常有必要的，所以本节整理了一些美工设计基础知识，希望能对读者所有帮助。

1. 网页设计标准尺寸

很多设计师在进行网站设计时，都有这样的迷茫，网页界面的宽度应该设为多少像素才合适呢，太宽就会出现水平滚动条了。下面就来简单地介绍一下。

网页设计标准尺寸如下。

（1） 页面标准按 800×600 分辨率制作，尺寸宽为 760 像素～780 像素。

（2） 页面标准按 1 024×768 以及以上分辨率制作，尺寸宽为 980 像素～1 004 像素，如果满屏显示的话，高度为 612 像素～615 像素，这样也不会出现垂直滚动条。

注意考虑 800×600 分辨率制作的网页，要设定外层布局表格居中，以确保在 1 024×768 分辨率显示下居中，页面长度原则上不超过 3 屏。

2. 主页设计包含的内容

大家浏览网站的时候会发现，在主页中有一些要素内容是基本相同的，这些内容是设计一个网站必须要考虑的。

（1） 网页的每一个页面中都要包含一个 logo 标志，一般放置在页面顶部的左上角。

（2） logo 标志旁边放置简短易记、能够体现企业形象或宣传内容的广告语。

（3） 要有"网站名称""关于我们""友情链接""主菜单""新闻""搜索"等基本栏目，以及相关的业务信息等内容。

（4） 每个页面的底部都包含有"版权声明"。

3. 如何设计主页的版面

版面是指通过浏览器看到的一个完整的页面。因为每台显示器分辨率设置不同，所以同一个页面的大小可能出现 640 像素×480 像素、800 像素×600 像素、1024 像素×768 像素等不同的尺寸，在设计主页时，可以针对不同分辨率的浏览器进行版面尺寸的建立。

在设计主页的版面时，必须要根据企业的特点掌握企业要展现的内容及风格，对页面的整体先进行分块。对于设计一般的广告版面或杂志来说，因为都是有页面边界的，也就有边可循，容易分块，容易安排构图。但对于网站的页面来说，边的概念被淡化了，在电脑屏幕上可以上下左右地拖动屏幕内容的显示位置，所以在设计网页的版面时，分块是非常有必要的，其目的也就是产生边的效果。

在编排分块时，可以采用不同颜色或明度的色块、线框、细线、排列整齐的文字等，但这些内容不要过于醒目，否则会喧宾夺主，影响对网页内容的浏览。

4. 网页的色彩搭配

在开始网页设计之前，版面的分块固然重要，但色彩的搭配也是一个网页设计成功与否的关键。在网页设计色彩的搭配上，设计者必须考虑和遵循以下几点。

（1） 色彩的平衡。色彩在页面中可以形成多种视觉效果。强烈的色彩对比，可以突出页面的主题；唯美的调和色彩，可以使表达的主题意蕴更加深厚。在一个网页中，一般情况下，页面上方的颜色都采用深色调，这样通过厚重的颜色使整个页面有平衡感。如果采用亮颜色，很容易使设计的页面显得不稳重，下面的文字内容和图片会有轻飘飘的感觉。因此，要使设计出的整个页面有平衡感，必须要有不同面积、不同位置和不同明暗的颜色搭配。

（2） 色彩的呼应。如果将一种比较突兀的色彩放在设计的页面中，无论是为了突出重点，还是强调 logo 图标，都会给设计的整个页面带来副作用。因此，在设计的页面中的不同位置必须要有该颜色相同色系的呼应色，起到遥相呼应、弱化某一颜色的作用。

（3）整体色调的把握。整体的色调就是浏览者看到网页的第一印象，是蓝色、红色还是绿色等，所以在开始设计一个网页之前，确定好整体色调是非常重要的。确定了整体色调后，在设计背景色、分块色、图片颜色等这些基本要素时都要向整体色调统一。

5. 字体的设置

字体的设置也是网页设计的重点，在设计网页时可参考下面几条基本原则。

（1）不要使用超过3种以上的字体，字体太多会显得杂乱，没有主题。

（2）不要用太大的字，因为版面是宝贵、有限的，粗陋、笨拙的大字体不能带给访问者更多信息。

（3）不要使用太多的不停闪烁的动态文字，否则会引起访问者视觉疲劳，也有可能会被认为是垃圾广告。

（4）一般标题的字体要比正文字体略大些，颜色也应有所区别。

项目实训

参考本项目范例的操作过程，请读者设计出下面的淘宝广告及网络铃音广告。

实训一　淘宝广告设计

要求：灵活运用【导入】命令、【透明度】工具及【椭圆形】工具和【文字】工具来设计如图 7-62 所示的淘宝广告。

图7-62　设计完成的淘宝广告

【设计思路】

这是一个淘宝网站的广告。画面除了底纹图形外，只有人物图像及文字说明，简单明了。宣传语中的"款款心动"以及"新品八折"文字，很能吸引消费者的眼球。另外，选用抽象人物图像，更增加了产品的神秘感，消费者只有点击进去，才能看到真实的商品，由于人们都有好奇心，所以这样的广告画面效果会更好。

【步骤解析】

STEP 1　　　　新建一个图形文件，利用 ▢ 工具绘制矩形，然后为其填充粉蓝色（C:20,M:20），并去除外轮廓。

STEP 2　　　　导入教学辅助资料中"图库\项目七"目录下名为"花图案.jpg"的图片文件，将其调整至如图 7-63 所示的大小，比之前绘制的矩形稍小一点即可。

STEP 3　　　　选择 ⚲ 工具，单击属性栏中的 无▼ 按钮，在弹出的列表中选择【标准】选项，然后单击 常规▼ 按钮，在弹出的列表中选择【柔光】选项，并将【开始透明度】选项的参数设置为"0"，生成的透明效果如图 7-64 所示。

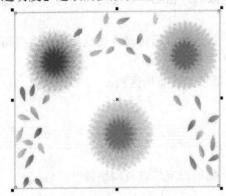
图7-63　导入图片调整后的大小

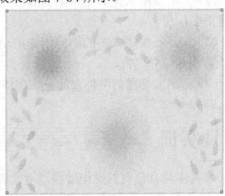
图7-64　设置透明度后的效果

STEP 4　　　　导入教学辅助资料中"图库\项目七"目录下名为"淘宝人物.psd"的图片，调整大小后放置到画面的右侧位置。

STEP 5　　　　利用 ◯、⚲ 和 字 工具，依次绘制图形并输入文字，即可完成淘宝广告的设计。

实训二　网页中铃音广告设计

要求：综合运用各种绘图工具、各种交互式工具、【图框精确剪裁】命令和各种复制操作来设计如图 7-65 所示的网页中铃音广告。

图7-65　设计完成的网页中铃音广告

【设计思路】

这是一个铃音网站的广告条。主体颜色采用了橘黄色，热烈、奔放，给人一种激情燃烧的感觉，与所宣传的内容非常贴切。画面中的音乐器材、音乐符号和各种动作的音乐人物，都给观者带来一种享受音乐铃声的感觉。

【步骤解析】

STEP 1 新建一个图形文件，利用 ▢ 工具绘制一个矩形，为其填充如图 7-66 所示的渐变色。

STEP 2 导入教学辅助资料中"图库\项目七"目录下名为"乐器.psd"的图片，然后利用【图框精确剪裁】命令将其置入绘制的矩形中，位置及大小如图 7-67 所示。

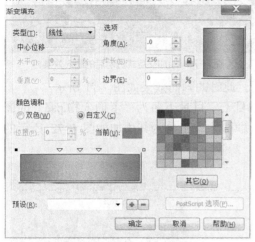

图7-66 【渐变填充】对话框　　　　　　　　图7-67 图片调整后的大小及位置

STEP 3 利用 ◌ 工具、▨ 工具和旋转复制操作及移动复制操作，绘制出如图 7-68 所示的图形，并利用 ⤴ 工具分别为其添加不同的透明效果。

图7-68 绘制及复制出的图形

知识提示　为了看清添加的交互式透明效果，图 7-68 在图形的后面添加了一个黑色矩形作为背景。在实际绘制过程中，此黑色图形不存在。

STEP 4 利用 ✐ 工具依次绘制出如图 7-69 所示的白色、不规则图形，然后将其外轮廓线去除。

STEP 5 将步骤 4 中绘制的图形同时选中，然后利用 ⤴ 工具为其添加如图 7-70 所示的交互式透明效果，再依次按 Ctrl+PgDn 组合键，将其调整至乐器图片的下方。

图7-69 绘制的白色不规则图形

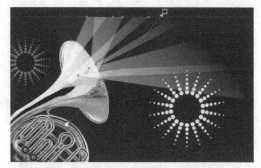

图7-70 添加交互式透明后的图形效果

STEP 6 单击 🖼 按钮，完成内容的编辑。此时的画面效果如图 7-71 所示。

STEP 7 导入教学辅助资料中"图库\项目七"目录下名为"卡通人物.psd"的图片，调整大小后移动到最右侧散射图形的上面，并利用 🔲 工具为其添加如图 7-72 所示的透明效果。

图7-71 编辑内容后的效果

图7-72 添加的透明效果

STEP 8 利用 字 工具和 🔲 工具制作出如图 7-73 所示的主题文字，然后利用 🔲 工具制作出如图 7-74 所示的轮廓文字效果。

图7-73 制作的主题文字

图7-74 制作的轮廓字效果

STEP 9 星光效果的制作过程示意图如图 7-75 所示。

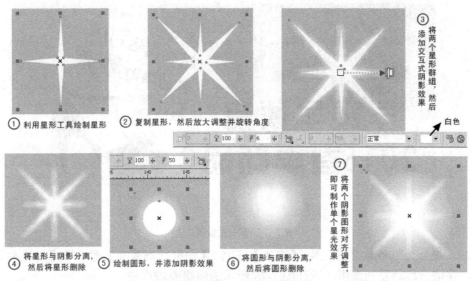

① 利用星形工具绘制星形　　② 复制星形，然后放大调整并旋转角度　　③ 将两个星形群组，然后添加交互式阴影效果　　白色

④ 将星形与阴影分离，然后将星形删除　　⑤ 绘制圆形，并添加阴影效果　　⑥ 将圆形与阴影分离，然后将圆形删除　　⑦ 将两个阴影图形对齐调整，即可制作单个星光效果

图7-75　星光效果的制作过程示意图

STEP 10　将星光图形群组，并依次复制，制作出如图 7-76 所示的星光效果。

图7-76　复制出的星光效果

STEP 11　绘制音乐符号，并添加其他文字，即可完成网页中铃音广告设计。

项目小结

　　本项目主要介绍了网络视觉元素的设计，包括化妆品广告设计、数码产品广告设计及"世纪阳光大酒店"网站主页设计。通过本项目的学习，希望读者能对网络广告的平面设计手法与一般媒体广告设计手法的不同有所了解。课下，也希望读者在上网浏览各公司网站主页的时候，从多角度观察，多思考，吸取其设计精髓，以提高自己的设计能力。

思考与练习

　　1.　运用【导入】命令、【透明度】工具及【文字】工具，设计如图 7-77 所示的网页广告。

图7-77 设计的网页广告

2. 综合运用基本绘图工具、【文本】工具、【图框精确剪裁】命令和【对齐和分布】命令，并结合移动复制操作，设计图 7-78 所示的网络商城广告。

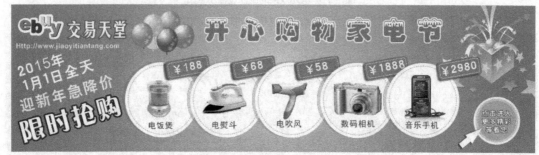

图7-78 设计完成的网络商城广告

3. 综合运用学习过的各种基本绘图和调整工具，并结合相应的菜单命令，设计"骄阳地产"的网站主页。设计完成的效果如图 7-79 所示。

图7-79 设计完成的网站主页

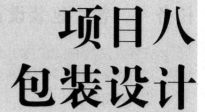

　　包装设计的目的是向消费者传递准确的产品信息，树立良好的企业形象，同时对产品起到保护、美化和宣传的作用。在设计产品包装时，设计者应根据不同的产品特性和不同的消费群体，分别采取不同的艺术设计和相应的印刷方式。包装的材料多种多样，最常用的就是纸和塑料。因为这两种材料使用方便、容易印刷且相对比较经济，所以是商品包装的首选材料。

　　本项目将进行薯片包装袋及酒包装盒的设计，最终效果如图8-1所示。

设计的薯片包装袋效果

设计的酒包装盒效果

图8-1　设计的薯片包装袋及酒包装盒效果

知识技能目标

- 了解包装设计的有关内容
- 掌握利用【形状】工具添加节点的方法
- 学习利用添加节点的方式制作锯齿效果的方法
- 掌握利用【透明度】工具制作高光和阴影的方法
- 了解将矢量图转换为位图并进行处理的方法
- 学习利用【封套】工具对图形进行变形调整的方法

任务一 薯片包装设计

本任务设计"好味道"薯片包装袋的效果图。在设计过程中，读者要注意学习绘制图形添加透明效果后制作阴影和高光效果的方法。

【步骤图解】

"好味道"薯片包装袋的设计过程示意图如图8-2所示。

① 绘制出包装袋的轮廓图形，并制作压痕和锯齿效果

② 灵活运用各工具和菜单命令制作出包装袋上的画面及文字

③ 绘制图形，制作包装袋的阴影及高光效果，使其产生立体感，即可完成包装设计

图8-2 薯片包装袋的设计过程示意图

【设计思路】

这是一款薯片塑料包装袋，颜色采用了儿童比较喜欢的绿色，画面中的薯片排列生动、质感极强，很能引起儿童的食欲。"好味道"以及下面的其他文字均采用了倾斜式构图，动感强，适合儿童的性格特点。

（一） 绘制包装袋的轮廓图形

【步骤解析】

STEP 1　　按 Ctrl+N 组合键，新建一个图形文件，然后利用 ✎ 工具和 ✎ 工具绘制出如图 8-3 所示的图形。

STEP 2　　为绘制的图形填充酒绿色（C:40,Y:100），然后将外轮廓线去除。

STEP 3　　利用 ▭ 工具，根据绘制的图形，绘制出如图 8-4 所示的矩形。

图8-3 绘制的图形

图8-4 绘制的矩形

STEP 4　　单击属性栏中的 ⟲ 按钮，将矩形转换为曲线图形，然后选择 ✎ 工具，并选取左上角的控制点。

STEP 5 依次单击属性栏中的 ░ 按钮，在上方线形上添加如图 8-5 所示的控制点。

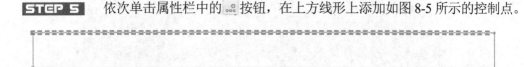

图8-5 添加的控制点

STEP 6 按 Esc 键，取消控制点的选取，然后按住 Shift 键，隔一个控制点选取一个，选取后将其向下稍微移动位置，制作出如图 8-6 所示的锯齿效果。

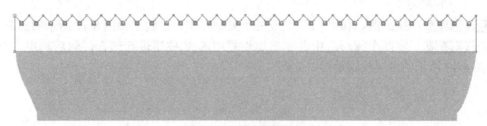

图8-6 制作的锯齿效果

知识提示
　　制作锯齿效果也可以利用【粗糙笔刷】工具 ░，具体操作我们在项目三中的任务一中已经讲解。但利用此方法，生成的锯齿效果不均匀，因此本例利用 ░ 工具来进行制作。

STEP 7 为锯齿图形填充酒绿色（C:40,Y:100），并将外轮廓线去除，然后利用 ░ 工具在图形的顶部位置绘制出如图 8-7 所示的直线，其轮廓宽度为"0.35 mm"，轮廓颜色为森林绿色（C:40,Y:20,K:60）。

图8-7 绘制的直线

STEP 8 将绘制的直线向下移动复制，位置如图 8-8 所示。

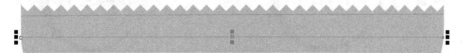

图8-8 复制出的直线

STEP 9 利用 ░ 工具，将两条直线进行调和，并将属性栏中的【调和步数】设置为"4"，效果如图 8-9 所示。

图8-9 调和后的效果

STEP 10 将锯齿图形和调和后的线形同时选中并群组，然后复制出一组，并单击属性栏中的 ░ 按钮，将复制的图形在垂直方向上镜像，再移动到不规则图形的下方位置，如图 8-10 所示。

图8-10 复制出的图形

（二） 标志设计

【步骤解析】

STEP 1　　接上例。利用 ◌ 工具及缩小复制操作，绘制出如图 8-11 所示的圆形。

STEP 2　　将两个圆形选中并单击属性栏中的 ▣ 按钮进行结合，然后利用 ▢ 工具在如图 8-12 所示的位置绘制矩形。

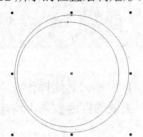

图8-11 绘制的圆形

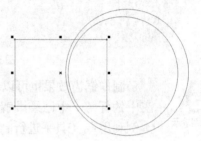

图8-12 绘制的矩形

STEP 3　　将圆形和矩形同时选中，单击属性栏中的 ▣ 按钮，用矩形对结合后的图形进行修剪，然后为修剪后的图形填充红色（M:100,Y:100），并去除外轮廓线。

STEP 4　　利用 字 工具，输入如图 8-13 所示的红色（M:100,Y:100）文字，然后利用 ▢ 工具和移动复制操作在文字的右侧绘制出如图 8-14 所示的圆角图形。

图8-13 输入的文字

图8-14 绘制的图形

STEP 5　　继续利用 字 工具在圆角图形上输入如图 8-15 所示的白色文字，然后在文字的下方输入红色（M:100,Y:100）的文字，并再次利用 字 工具和 ◌ 工具制作出如图 8-16 所示的注册商标标志。

图8-15 输入的文字

图8-16 输入的文字及制作的注册商标标志

STEP 6　　利用 ◌ 工具及移动复制操作，在下方文字中间依次添加如图 8-17 所示的圆形，即可完成标志的设计。

图8-17 绘制及复制出的圆形

（三） 设计包装画面

【步骤解析】

STEP 1 接上例。利用 ✎ 工具和 ✎ 工具，绘制出如图 8-18 所示的白黄色（Y:40）、无外轮廓线的不规则图形。

STEP 2 继续利用 ✎ 工具和 ✎ 工具，绘制出如图 8-19 所示的黄绿色（C:15,Y:100）、无外轮廓线的不规则图形。

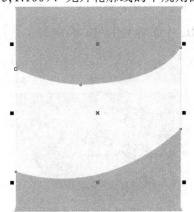

图8-18 绘制的图形

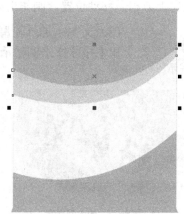

图8-19 绘制的图形

STEP 3 利用 ⟳ 工具绘制倾斜的椭圆形，然后为其填充黄色（M:10,Y:100），并去除外轮廓线，效果如图 8-20 所示。

STEP 4 利用 ✎ 工具和 ✎ 工具在椭圆形的下方绘制出如图 8-21 所示的不规则图形。

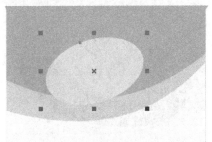

图8-20 绘制的椭圆形

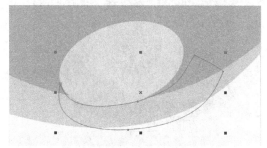

图8-21 绘制的不规则图形

STEP 5 选择 ▊ 工具，弹出【渐变填充】对话框，设置各选项及参数，如图 8-22 所示，然后单击 确定 按钮。填充渐变色后的图形效果如图 8-23 所示。

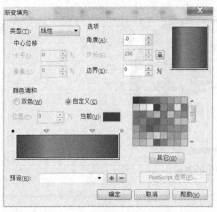

图8-22 设置的渐变颜色

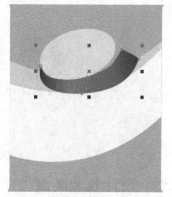

图8-23 填充渐变色后的效果

STEP 6 将不规则图形的外轮廓线去除，然后利用 字 工具输入如图 8-24 所示的黑色文字。

STEP 7 将文字在原位置复制，然后将复制出的文字的颜色修改为橘红色（M:60,Y:100），再添加轮廓宽度为"1.8 mm"的白色外轮廓线，最后将复制且修改后的文字向左上方稍微移动位置，制作出如图 8-25 所示的文字效果。

知识提示 在为文字添加外轮廓线时，注意勾选【轮廓笔】对话框中的【后台填充】和【按图像比例显示】复选框。

图8-24 输入的文字

图8-25 复制并修改后的文字

STEP 8 将画面中填充渐变色的图形选中，然后将其复制，并为复制出的图形添加外轮廓线，再去除填充色。

STEP 9 利用 工具将复制出的图形调整至如图 8-26 所示的形态，然后利用 字 工具沿图形的边缘输入如图 8-27 所示的白色拼音字母。

图8-26 调整后的图形形态

图8-27 输入的拼音字母

STEP 10 利用 工具将作为路径的图形选中，然后在【调色板】上方的⊠按钮处单击鼠标右键将轮廓线去除。

STEP 11 按 `Ctrl`+`I` 组合键，将教学辅助资料中"图库\项目八"目录下名为"薯片.psd"的图片导入，调整大小后放置到如图 8-28 所示的位置。

STEP 12 按 `Ctrl`+`U` 组合键，将导入的图片群组取消，然后将左下角的薯片选中，并利用 工具为其添加如图 8-29 所示的交互式阴影效果。

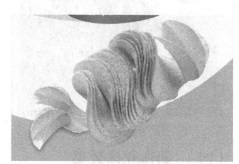

图8-28 图片调整后的大小及位置　　　　　　图8-29 添加的阴影效果

STEP 13 利用 工具和 工具，依次绘制出如图 8-30 所示的白色、无外轮廓线的不规则图形，然后绘制出如图 8-31 所示的图形。

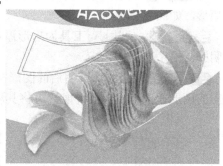

图8-30 绘制的图形　　　　　　图8-31 绘制的图形

STEP 14 将绘制的图形选中并结合，然后为其填充红色（M:100,Y:100），再利用 工具为其添加如图 8-32 所示的交互式透明效果。

STEP 15 利用 工具输入文字"非常好吃"，然后按 `Ctrl`+`K` 组合键，将输入的文字拆分为单独的字，再将其分别调整至如图 8-33 所示的形态。

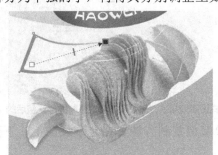

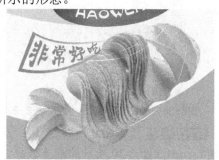

图8-32 添加的透明效果　　　　　　图8-33 制作的文字效果

STEP 16 灵活运用 工具，依次输入包装画面中的其他文字，效果如图 8-34 所示。

STEP 17 将操作（二）中设计的标志图形选中并群组，调整至合适的大小后移动到画面的左上角位置，如图 8-35 所示。

图8-34 输入的文字

图8-35 标志图形放置的位置

（四） 制作立体效果

【步骤解析】

STEP 1 接上例。利用 ▢ 工具在包装袋右侧绘制一个灰色（K:70）的无外轮廓线的矩形，如图 8-36 所示。

STEP 2 利用 ♀ 工具为矩形添加如图 8-37 所示的透明效果，制作出包装袋的立体阴影。

STEP 3 将添加透明后的图形在原位置复制，然后单击属性栏中的 ▨ 按钮，将复制出的图形在水平方向上镜像，再将其移动到如图 8-38 所示的位置。

图8-36 绘制的矩形

图8-37 添加的交互式透明效果

图8-38 复制图形调整后的位置

STEP 4 继续利用 ▢ 工具、♀ 工具以及镜像复制方法，在包装袋的上、下两边分别制作出如图 8-39 所示的高光效果。

STEP 5 利用 ✎ 工具和 ✐ 工具，绘制出如图 8-40 所示的白色、无轮廓图形，然后利用 ♀ 工具为其添加如图 8-41 所示的交互式透明效果，作为塑料包装袋上的高光效果。

图8-39 制作的高光效果

图8-40 绘制的图形

图8-41 制作的高光效果

STEP 6 执行【位图】/【转换为位图】命令，在弹出的【转换为位图】对话框中单击 确定 按钮，将选择的图形转换为位图图像。

STEP 7 执行【位图】/【模糊】/【高斯式模糊】命令，在弹出的【高斯式模糊】对话框中设置【半径】值为"5.0"，如图8-42所示。

图8-42 【高斯式模糊】对话框

STEP 8 单击 确定 按钮，模糊处理后的效果如图8-43所示。

STEP 9 将模糊处理后的白色高光选中并向右镜像复制，然后将复制出的图像移动到包装袋的右侧，如图8-44所示。

图8-43 模糊处理后的效果

图8-44 复制出的高光效果

STEP 10 至此，薯片包装袋就制作完成了。按 Ctrl + S 组合键，将此文件命名为"薯片包装.cdr"保存。

任务二　设计酒包装盒

本任务综合运用前面学过的各种绘图工具及菜单命令，来设计酒包装盒。

【步骤图解】

包装盒的设计过程示意图如图8-45所示。

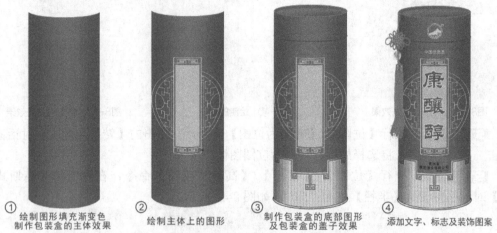

① 绘制图形填充渐变色　　② 绘制主体上的图形　　③ 制作包装盒的底部图形　　④ 添加文字、标志及装饰图案
制作包装盒的主体效果　　　　　　　　　　　　　　及包装盒的盖子效果

图8-45　包装盒的设计过程示意图

【设计思路】

此任务设计的酒包装盒，画面颜色采用了大红色，无形中营造出了节日的喜庆气氛；选用线条作为辅助图案，给人一种有条不紊的感觉；中间放置酒的名称，大小适宜，可以让人一目了然；另外选用筒装结构，更能显示出"高大上"的品味。

【步骤解析】

STEP 1 按 Ctrl+N 组合键新建一个图形文件。

STEP 2 利用 ✎ 工具和 ✎ 工具，绘制并调整出如图 8-46 所示的不规则图形，然后选择 ■ 工具，弹出【渐变填充】对话框，设置各选项及参数如图8-47所示。

STEP 3 单击 确定 按钮，将图形的外轮廓去除，填充渐变色后的图形效果如图8-48所示。

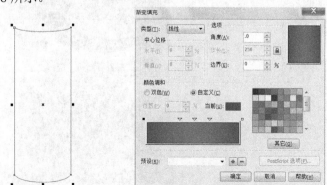

图8-46　绘制的不规则图形　　　　图8-47　设置的渐变颜色　　　　图8-48　填充后的图形效果

STEP 4 利用 ◯ 工具绘制圆形，并将其轮廓色设置为黄绿色（C:15,M:15,Y:100），轮廓宽度设置为"0.5mm"。

STEP 5　　用以中心等比例缩小复制图形的方法，将圆形缩小复制，效果如图 8-49 所示。

STEP 6　　再次将圆形缩小复制，然后将复制出的图形移动至如图 8-50 所示的位置。

STEP 7　　单击属性栏中的 按钮，将圆形转换为弧形，然后将属性栏中【起始和结束角度】选项的参数分别设置为"90"和"270"，效果如图 8-51 所示。

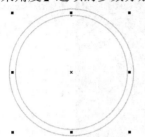
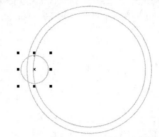
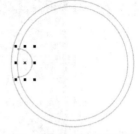

图8-49　复制出的图形　　　　图8-50　复制出的图形放置的位置　　　　图8-51　设置后的图形效果

STEP 8　　利用 工具依次绘制出如图 8-52 所示的折线，其轮廓色为黄绿色（C:15,M:15,Y:100）、轮廓宽度为"0.5mm"。然后将折线全部选择，并将其在垂直方向上向下镜像复制，复制出的线形如图 8-53 所示。

STEP 9　　将弧线和折线全部选择，再将其在水平方向上向右镜像复制，然后将复制出的线形移动至如图 8-54 所示的位置。

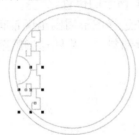
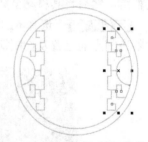

图8-52　绘制的折线　　　　图8-53　镜像复制出的折线　　　　图8-54　复制出的图形放置的位置

STEP 10　　利用 工具绘制出如图 8-55 所示的深红色（C:10,M:100,Y:100）矩形，其轮廓色为黄色（Y:100）、轮廓宽度为"0.5mm"。

STEP 11　　继续利用 工具，绘制出如图 8-56 所示的黄色（M:20,Y:90）、无外轮廓的矩形。

STEP 12　　利用 工具及结合镜像复制图形的方法，依次绘制并复制出如图 8-57 所示的折线，其轮廓色为黄色（Y:100）、轮廓宽度为"0.5mm"。

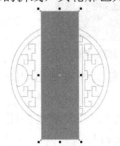
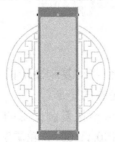
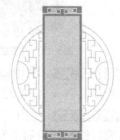

图8-55　绘制的深红色图形　　　　图8-56　绘制的黄色矩形　　　　图8-57　绘制并复制出的折线

STEP 13 利用  工具，绘制出如图 8-58 所示的橘红色（M:50,Y:95）、无外轮廓的矩形，然后用移动复制图形的方法，依次复制出如图 8-59 所示的矩形。

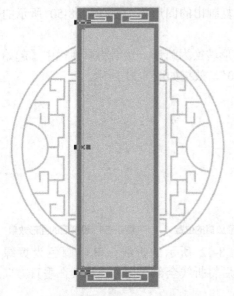

图8-58 绘制的橘红色矩形

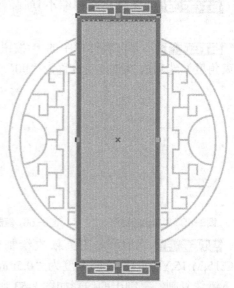

图8-59 移动复制出的矩形

STEP 14 将步骤 4～步骤 13 中绘制的图形全部选择，单击属性栏中的 按钮将其群组，然后将其移动至如图 8-60 所示的位置。

STEP 15 选择 工具，在选择图形周围出现带有控制点的蓝色虚线框，然后通过调整控制点的位置及控制柄的长度和斜率，将图形调整至如图 8-61 所示的形态。

图8-60 图形放置的位置

图8-61 调整后的图形形态

STEP 16 利用 工具及结合移动复制图形的方法，依次绘制并复制出如图 8-62 所示的橘红色（M:50,Y:95）、无外轮廓的矩形。

STEP 17 利用 工具及结合镜像复制图形的方法，依次绘制并复制出如图 8-63 所示的折线，其轮廓色为红色（M:100,Y:100）、轮廓宽度为"1.0 mm"。

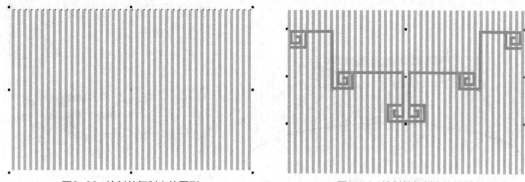

图8-62 绘制并复制出的图形　　　　　　图8-63 绘制并复制出的折线

STEP 18 根据绘制的红色折线，分别调整各矩形的高度，效果如图 8-64 所示。

STEP 19 利用 工具，根据红色折线的形状绘制一浅黄色（Y:50）、无外轮廓的不规则图形，然后将其调整至橘红色矩形的后面，效果如图 8-65 所示。

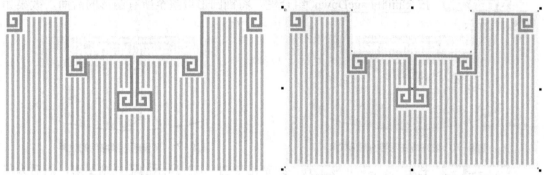

图8-64 调整后的图形效果　　　　　　　图8-65 绘制的图形

STEP 20 将步骤 16～步骤 19 中绘制的图形全部选择，单击属性栏中的 按钮将其群组，然后将其移动至如图 8-66 所示的位置。

STEP 21 再次选择 工具，然后通过调整控制点的位置及控制柄的长度和斜率，将图形调整至如图 8-67 所示的形态。

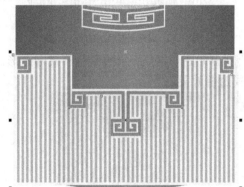

图8-66 图形放置的位置

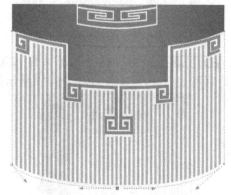

图8-67 调整后的图形形态

接下来，我们利用【椭圆形】工具及【渐变填充】工具来绘制包装盒的底边效果。

STEP 22 利用 工具绘制出如图 8-68 所示的椭圆形，其轮廓宽度为"0.5mm"，然后选择 工具，弹出【渐变填充】对话框，设置各选项及参数如图 8-69 所示。

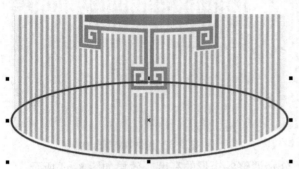

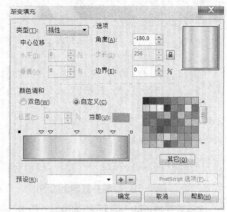

图8-68 绘制的椭圆形　　　　　　　　　　　　　　图8-69 设置的渐变颜色

STEP 23 单击  按钮，填充渐变色后的图形效果如图 8-70 所示。

STEP 24 按 Shift+PageDown 组合键，将椭圆形调整至所有图形的后面，效果如图 8-71 所示。

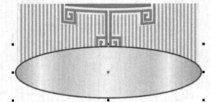　　　　　　　　　　

图8-70 填充渐变色后的图形效果　　　　　　　　　图8-71 调整图形顺序后的效果

STEP 25 利用 ✐工具和 ✎工具，绘制出如图 8-72 所示的不规则图形，然后为其填充步骤 22 中设置的渐变色，效果如图 8-73 所示。

　　　　　　　　　　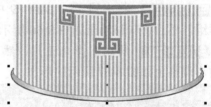

图8-72 绘制的图形　　　　　　　　　　　　　　图8-73 填充渐变色后的图形效果

STEP 26 继续利用 ✐工具和 ✎工具，绘制出如图 8-74 所示的黑色不规则图形，然后利用 ☲工具为其添加如图 8-75 所示的交互式透明效果。

图8-74 绘制的黑色图形　　　　　　　　　　　　　图8-75 添加交互式透明后的图形效果

STEP 27 用与步骤 26 相同的方法，制作出如图 8-76 所示的图形效果。

STEP 28 利用 ✐工具和 ✎工具，在包装盒的上方位置绘制并调整出如图 8-77 所示的深红色（M:100,Y:100,K:50）、无外轮廓的不规则图形。

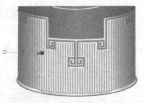

图8-76 制作的图形效果

图8-77 绘制的图形

STEP 29 利用 🔘 工具，绘制出如图 8-78 所示的椭圆形，其轮廓色为红色（M:100,Y:100）、轮廓宽度为"1.0 mm"。

STEP 30 利用 🔲 工具，为椭圆形由左至右填充从深红色（M:100,Y:100,K:30）到红色（M:100,Y:100,K:20）的线性渐变色，效果如图 8-79 所示。

图8-78 绘制的椭圆形

图8-79 填充渐变色后的图形效果

STEP 31 选择【排列】/【将轮廓转换为对象】命令，将椭圆形的外轮廓转换为填充对象。

STEP 32 将椭圆形选择后缩小复制，并将复制出图形的填充色修改为红色（M:100,Y:100），然后将其移动至如图 8-80 所示的位置。

STEP 33 再次将椭圆形缩小复制，并将复制出图形的填充色修改为深红色（M:100,Y:100,K:40），然后将其移动至如图 8-81 所示的位置。

图8-80 复制出的图形移动的位置

图8-81 复制出的图形

STEP 34 选择 🔲 工具，为椭圆形添加如图 8-82 所示的交互式透明效果，然后灵活运用各种绘图工具绘制出如图 8-83 所示的标志图形，并将其调整大小后放置到"盒盖"正面的中间位置。

图8-82 添加的交互式透明效果

图8-83 绘制的标志图形

STEP 35 利用 字 工具，输入如图 8-84 所示的紫红色（C:20,M:100,Y:95）文字。

STEP 36 选择  工具，弹出【轮廓笔】对话框，设置各选项及参数如图 8-85 所示。

图8-84 输入的紫红色文字

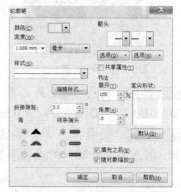

图8-85 【轮廓笔】对话框

STEP 37 单击 确定 按钮，设置轮廓属性后的文字效果如图 8-86 所示。

STEP 38 利用 工具，按照文字的结构形状，依次绘制并复制出如图 8-87 所示的红色（M:100,Y:100）、无外轮廓的矩形。

图8-86 设置轮廓属性后的文字效果

图8-87 绘制的红色图形

STEP 39 将绘制的矩形全部选择，然后利用【图框精确剪裁】命令，将其放置到文字中，效果如图 8-88 所示。

STEP 40 利用 字 工具和 工具，依次输入并调整出如图 8-89 所示的文字效果。

图8-88 置入矩形后的图形效果

图8-89 文字效果

STEP 41 按 $\boxed{\text{Ctrl}}$+$\boxed{\text{I}}$ 组合键，将教学辅助资料中"图库\项目八"目录下名为"中国结.psd"的图片文件导入，然后将其调整至合适的大小后放置到如图 8-90 所示的位置。

STEP 42 再次按 $\boxed{\text{Ctrl}}$+$\boxed{\text{I}}$ 组合键，将教学辅助资料中"图库\项目八"目录下名为"背景.jpg"的图片文件导入，再按 $\boxed{\text{Shift}}$+$\boxed{\text{PageDown}}$ 组合键，将其调整至所有图形的后面，然后将其放置到如图 8-91 所示的位置。

图8-90　中国结放置的位置

图8-91　图片放置的位置

STEP 43 至此，酒包装盒绘制完成，按 $\boxed{\text{Ctrl}}$+$\boxed{\text{S}}$ 组合键，将此文件命名为"酒包装.cdr"保存。

【视野拓展】——包装设计的基础知识

在学习包装设计之前，首先介绍一下包装设计的基础知识，包括包装概述、包装分类、包装的功能等内容。

1. 包装概述

包装是现代商品不可缺少的重要组成部分。

每个国家对包装都有简洁明了的定义。英国认为"包装是为货物的运输和销售所做的艺术、科学和技术上的准备工作"。美国认为"包装是为商品的运出和销售所做的准备行为"。加拿大认为"包装是将商品由供应者送达顾客或消费者手中而能保持商品完好状态的工具"。而我国对包装下的定义是：为在流通过程中保护商品、方便储运、促进销售，按一定技术方法而采用的容器、材料及辅助物等的总称。

在人们的生活消费中，约有六成以上的消费者是根据商品的包装来选择购买商品的。由此可见，有商品的"第一印象"之称的包装，在市场销售中发挥着越来越重要的作用。

随着市场竞争的日益激烈，包装对一个企业而言，已经不再是为单纯的包装而包装了，而是含有其实现商业目的、使商品增值的一系列经济活动。

在包装设计运作之前，首先应完成一系列的市场调查、进行消费对象及其心理分析，完成对整个商品的企划及投资分析，通过包装去树立企业品牌，促进商品的销售和在同类商品中的竞争优势，增加商品的附加值。这种包装设计前的市场调查是一种前包装意识上的理念。它将会指导包装设计的整个过程，避免包装设计中的随意性，避免企业盲目的经济上的投资。包装从设计、印刷、制作到成品包装完成，称为有形的功能包装。包装之后的商品不但需要尽快地投入市场中，而且通过大量的商业活动去宣传商品，也是实现包装理念的重要环节。其宣传包括各类广告媒体、营销、服务、信息、网络等各种商业活动手段。整个包装之后的宣传称为商品的后包装。因此，一个完整的包装概念由商品的前包装、功能包装和商品的后包装3个过程组成。任何一个环节都是决定包装成败的关键。

因此，目前市场上的包装不再是原有单一的功能包装，而是包含有科技、文化、艺术、社会心理和生态价值等多种因素的一个"包装系统工程"，更是一种科学的、现代的、商品经济意识的理念。

2. 包装的分类

商品种类繁多，形态各异，包装也就各有特色。依据不同的标准，对包装分类介绍如下。

（1）按商品内容分类。

商品的种类繁多，一般可分为日用品、食品、烟酒、化妆品、医药用品、文体用品、工艺品、化学品、五金家电、纺织品等。

（2）按包装容器形状分类。

包装容器的形状各异，一般可分为箱、袋、包、桶、筐、捆、罐、缸、瓶等。

（3）按包装大小分类。

按包装大小可分为个包装、中包装和大包装3种。个包装也称内包装或小包装，它与商品直接接触，也是商品走向市场的第一道保护层。个包装一般都陈列在商场或超市的货架上，因此在设计时，要突出体现商品的特性以吸引消费者。中包装主要是为了增强对商品的保护、便于厂家统计数量而对商品进行的组装或套装，比如一箱啤酒是 24 瓶、一捆是 9 瓶，一条香烟是 10 包等。大包装也称外包装或运输包装，它的主要作用也是增加商品在运输中的安全，且便于装卸与统计数量。大包装在设计时相对较简单，一般是标明商品的型号、规格、尺寸、颜色、数量、出厂日期等，再加上一些特殊的视觉符号，比如"小心轻放""防潮""防火""易碎""有毒"等。

（4）按包装材料分类。

不同商品的运输方式与展示效果不同，所以使用的材料也不同。最为常见的有纸制包装、木制品包装、金属制品包装、玻璃制品包装、塑料制品包装、陶瓷制品包装、棉麻和布制品包装等。

3. 包装的功能

下面来介绍一下包装的功能。

（1）保护功能。

包装不仅要能防止商品运输过程中的物理性损坏，如防冲击、防震动、耐压等，还要考虑各种化学性及其他方式的损坏，如一般选择深绿色或深褐色的啤酒瓶来保护啤酒少受光线的照射，使其不易变质。其他一些复合膜材料的包装可以在防潮、防光线辐射等方面起到保护商品不变质的作用。包装的作用不仅要防止由外到内的商品损伤，也要防止商品本身由内到外产生的破坏，如化学品的包装如果达不到要求而发生渗漏，就会对环境造成破坏。

不同的商品对包装的保护时间也是有不同要求的，如红酒的包装就要求提供长时间不变质的保护作用，而即食即用商品的包装则可以运用简单的方式设计制作，但也要考虑使用后的回收与处理。

（2）方便功能。

方便功能是指便于商品运输与装卸，便于保管与储藏，便于携带与使用，便于回收与废弃处理。同时，要考虑怎样节省消费者的时间，如易开包装等；包装的空间大小对降低商品流通费用至关重要，如对于周转较快的超市来说，是十分重视货架利用率的，因而更加讲究包装的空间方便性；省力也是不容忽视的设计内容，按照人体工程学原理，结合实践经验设计合理的包装，能够节省人的体力消耗，给人一种现代生活的享受感。

（3）促销功能。

促销功能是商品包装最主要的功能之一。在商场内，不同厂家的同类商品种类繁多，使消费者眼花缭乱。为了在货架上突显自己的商品，就要依靠产品的包装展现其特色，所以设计者在设计包装时必须要在精巧的造型、醒目的商标、得体的文字和明快的色彩等艺术语言方面多下工夫。

4. 包装设计的流程

包装设计的目的是推销商品与宣传企业形象。要解决这方面的问题，就要有科学的营销策略和实施步骤。包装设计的一般流程如图8-92所示。

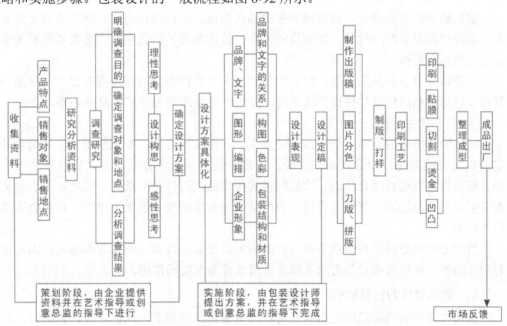

图8-92　包装设计的流程

对于初学包装设计的人员来说，必须了解包装设计的整个流程，因为这是包装设计的基础。在包装设计的各个阶段中，市场调研与设计定位起着非常重要的作用，它们是完成一个成功包装设计的前提。如果离开了市场调研，所有设计的结果只能是纸上谈兵，商品进入商场之后就不能满足市场的需要。所以，市场调研是包装设计最重要的一个环节。

在市场调研的基础上，为了保证创意方案的实施，设计公司一般都会根据设计项目组成设计小组，由创意总监负责设计方案的汇总和协调各种关系，组织人员对包装宣传的内容和结构进行设计方案的研讨，并对商品竞争对手进行研究，做到知己知彼，从而发挥创意的最佳设计优势，提高设计效率。

创意设计阶段要求设计人员尽可能多地准备几套方案，前期一般以草稿的形式表现，但要求尽可能准确地表现出包装的结构特征、文字和图片的编排方式、造型特征、材质的运用等，经过设计小组讨论后，确定创意方案并安排具体的实施方式。

5. 包装设计的基本原则

包装设计一定要遵循醒目、易理解、易产生好感这 3 个基本设计原则。

（1） 醒目。

包装首先要醒目，要能引起消费者的注意。在商场内只有引起消费者注意的商品才有被购买的可能。因此，在设计包装时要在新颖别致的造型、鲜艳夺目的色彩、美观精巧的图案、不同特点的材质上下工夫。

（2） 易理解。

优秀的包装不仅能通过造型、色彩、图案或材质等引起消费者对商品的注意，还要使消费者通过包装来认识和理解包装内的商品。因为消费者购买的并不是包装，而是包装内的商品，所以用什么样的形式可以准确、真实地传达包装的实物，是设计者必须要考虑的因素。对于需要突出商品形象的，可以采用全透明包装、在包装容器上开窗展示、绘制商品图形、作简洁的文字说明及印刷彩色的商品图片等方式。

准确地传达商品信息，也要求包装的档次与商品的档次相适应。掩盖或夸大商品的质量、功能等都是失败的包装。如名贵的人参，若用布袋、纸箱包装，消费者就很难通过包装去识别其高档性。

而类似儿童小食品的包装，醒目的色彩、华丽的图案会对儿童有着极大的诱惑力。尽管很多袋内食品的价值与售价不成正比，但类似的包装却迎合了儿童的心理。

（3） 易产生好感。

商品给消费者的好感一般来自两个方面。一是实用方面，即包装本身能给消费者带来多大实用上的方便，如给商品的运输、携带、使用等提供方便。这要在包装的大小、多少、精美等方面进行综合考虑。比如同样的化妆品，可以是大瓶装，也可以是小盒装，消费者可以根据自己的习惯进行选择。当商品的包装给消费者提供方便时，自然会让消费者产生好感。

另一方面的好感来自消费者对包装的造型、色彩、图案、材质等的感觉，因为消费者对商品的第一感觉对决定是否购买该商品起着极为重要的作用。

6. 包装设计的色彩运用

包装设计中的色彩运用是影响消费者视觉最活跃的因素，因此在设计包装时，对不同的商品应采用不同的色彩，色彩的整体效果需要醒目并具有个性，能抓住消费者的视线，通过色彩的变化使消费者产生不同的感受。下面介绍在包装设计中有关色彩的运用。

（1） 确定主色调。

包装色彩的总体感觉是华丽还是质朴、是高贵还是时尚等，都是包装的主色调呈现给人们的印象。主色调是依据颜色的色相、明度、彩度等色彩基本属性体现出来的，如亮调、暗调、纯调、灰调、暖调、冷调等，如图 8-93 所示。

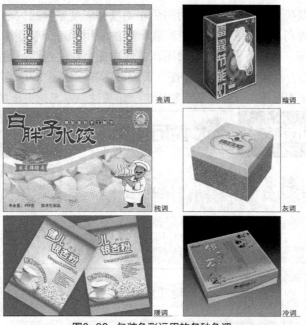

图8-93　包装色彩运用的各种色调

（2）　色彩面积。

除色相、明度、纯度外，色彩面积的大小也是直接影响色调倾向的重要因素。在搭配包装中的色彩时，首先要确定大面积色彩的运用。大面积色彩在包装的陈列中可以对消费者产生远距离的视觉冲击。如果包装中采用对比色，则两色对比过强时，可以在不改变色相、纯度、明度的情况下，扩大或缩小其中某一种颜色的面积来进行调和，如图 8-94 所示。

主色面积均等不协调的画面　　　　减少红色面积后协调的画面

图8-94　色彩面积对比

（3）　色彩视认度。

色彩在一定环境中被辨认的程度称为色彩视认度。包装中的色彩应用同样需要注意视认度。能清晰地辨认出画在底色上的图形称为高视认度，如图 8-95 所示；反之，看不清楚底色上的图形就是低视认度，如图 8-96 所示。

图8-95　色彩高视认度

图8-96　色彩低视认度

视认度的高低取决于图形和底色之间的色相明度和彩度差异的大小。图形和底色的差别越大，视认度也就越高。在色彩应用中色彩视认度的应用顺序一般是黑底白图、白底黑图、黑底黄图、黄底黑图、黄底蓝图、蓝底黄图、蓝底白图、红底白图、白底红图、绿底白图、白底绿图、绿底红图、红底绿图、红底黄图、黄底红图等，如图 8-97 所示。良好的视认度在包装、广告等视觉传达设计中非常重要，初学者一定要注意学习这方面的知识。

图8-97　色彩视认度的应用

（4）　强调色。

强调色是除主色调之外的重点用色，是根据面积和视认度等因素综合考虑的颜色。一般要求在明度和纯度上高于周围的色彩，在面积上则要小于周围的色彩，否则起不到强调作用。强调色一般用在商品名称和标志上面，如图 8-98 所示。

图8-98　强调色在包装中的应用

（5）　间隔色。

在应用强烈的对比色时，为了突出某一部分或商品标题，在两种颜色中间采用第 3 种颜色加以间隔或共用，称为间隔色。其作用是加强对比色的协调，减弱对比色的强度。间隔色一般采用偏中性的无彩色黑、白、灰、金、银色为主。当采用有彩色时，要求间隔色与被分离的颜色在色相、明度、纯度上有较大差别。图 8-99 所示为包装设计中的间隔色运用。

图8-99　间隔色在包装中的应用

（6）　渐变色。

渐变色是指一种颜色不同明度的渐变、由一种颜色渐变到另一种颜色或多种颜色之间的过渡协调颜色的变化用色。渐变色具有和谐而丰富的色彩效果，在包装设计的色彩处理中运用较多。图 8-100 所示为包装设计中紫颜色的变化，图 8-101 所示为包装中绿色到灰色的变化。

图8-100　紫颜色渐变应用

图8-101　绿色到灰色的变化

（7）　对比色。

对比色和强调色不同，对比色主要是在色相和明度上加以对比的用色，这种用色具有强烈的视觉冲击效果，更具有广告性。图 8-102 所示的月饼包装设计中采用了红绿对比色，图 8-103 所示的卫生纸包装设计中采用了黄紫对比色。

图8-102　红绿对比色包装

图8-103　黄紫对比色包装

（8）　象征色。

象征色是根据广大消费者对商品共性认识的一种观念性用色，主要是根据商品的某种特殊的属性来表现。如海产品一般采用象征大海的蓝色，而食品一般采用较鲜艳的黄色、红色或绿色，如图 8-104 所示。

图8-104 象征色包装

（9） 辅助色。

辅助色是与强调色相反的用色，是对主色调或强调色起调和辅助性作用的用色方法，用以加强色调层次，取得包装设计丰富的色彩效果。在设计处理中，要注意辅助色不能喧宾夺主，也不能盲目滥用。

项目实训

参考本项目范例任务的操作过程，请读者设计出下面的三文鱼块包装盒及饮料瓶包装。

实训一　三文鱼块包装设计

要求：利用各种绘图工具、移动复制操作和【图框精确剪裁】命令，设计三文鱼块的包装。设计完成的效果如图 8-105 所示。

图8-105　设计的三文鱼块包装立体效果图

【步骤解析】

STEP 1　　新建一个图形文件，然后利用 工具根据包装的尺寸绘制矩形。属性栏中 选项的参数分别为"240.0mm"和"120.0mm"。

STEP 2　利用 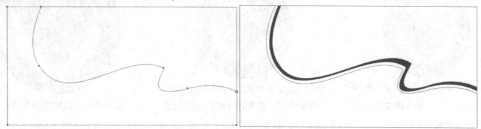 工具和 工具，依次绘制出如图 8-106 所示的图形，其中"波浪"图形的填充色为蓝色（C:100,M:100），无外轮廓。

图8-106　绘制的图形

STEP 3　按 Ctrl+I 组合键，将教学辅助资料中"图库\项目八"目录下名为"三文鱼.jpg"的图片导入，然后利用【图框精确剪裁】命令将其置入绘制的图形中，如图 8-107 所示。

STEP 4　利用 字 工具，依次输入如图 8-108 所示的文字。

图8-107　置入图形中的效果

图8-108　输入的文字

下面灵活运用沿路径输入文字的操作来制作标贴效果。

STEP 5　利用 工具绘制红色的圆形，然后将其以中心等比例缩小复制，并将复制出图形的颜色修改为白色，去除外轮廓，效果如图 8-109 所示。

STEP 6　选择 工具，然后在属性栏中的 按钮上单击，在弹出的选项面板中选择如图 8-110 所示的心形。

STEP 7　在白色的圆形中绘制心形，然后为其填充红色（M:100,Y:100），并去除外轮廓，如图 8-111 所示。

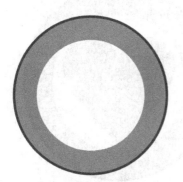

图8-109　绘制的圆形

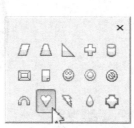

图8-110　选择的图形

图8-111　绘制出的图形

STEP 8　利用 字 工具，在画面中输入如图 8-112 所示的黑色文字。

STEP 9　执行【文本】/【使文本适合路径】命令，将鼠标光标移动到如图 8-113 所示的白色圆形上单击，将输入的文字适配到所单击的图形中，如图 8-114 所示。

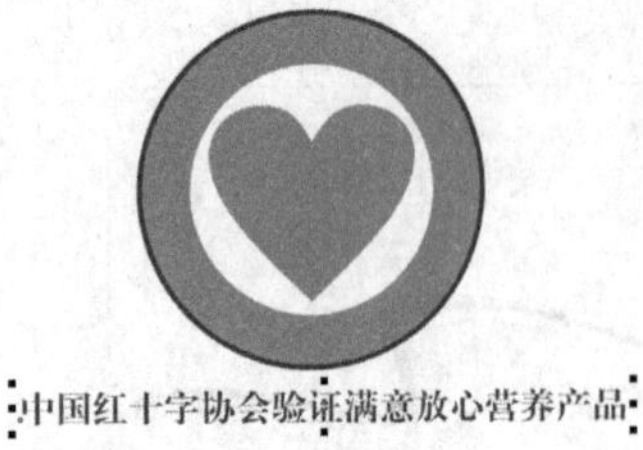

中国红十字协会验证满意放心营养产品

图8-112 输入的文字

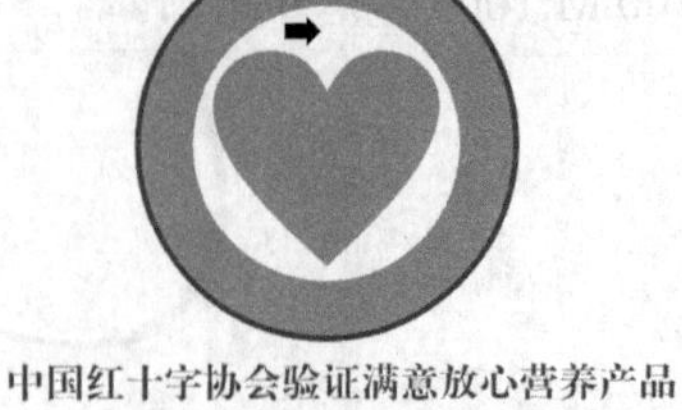

中国红十字协会验证满意放心营养产品

图8-113 单击鼠标时光标的位置

中国红十字协会验证满意放心营养产品

图8-114 适配路径后的效果

STEP 10 利用工具在绘图窗口中的空白区域处单击，取消对图形和文字的选择，然后选择适合路径后的文字，将颜色修改为白色，并设置属性栏中 1.5 mm 选项的参数为“1.5mm”，调整后的文字位置如图 8-115 所示。

STEP 11 利用字工具，在绘图窗口中再输入如图 8-116 所示的文字，然后用与步骤 9 相同的方法，将其适配到红色的圆形中，如图 8-117 所示。

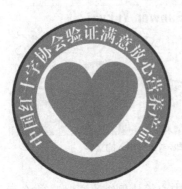

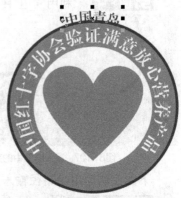

中国红十字协会验证满意放心营养产品

图8-115 调整后的文字

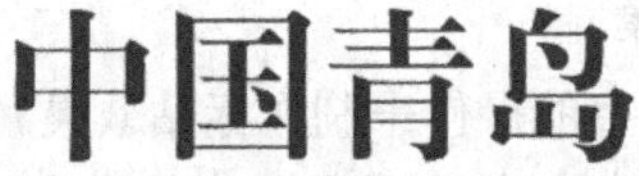
中国青岛

图8-116 输入的文字

中国青岛
中国红十字协会验证满意放心营养产品

图8-117 适配路径后的文字效果

STEP 12 取消对图形和文字的选择，然后选择适配路径后的文字，将颜色修改为白色，并设置属性栏中各选项及参数如图 8-118 所示。

STEP 13 利用工具，对适配路径后的文字位置进行调整，调整后的文字形态如图 8-119 所示。

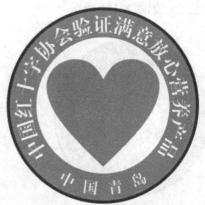

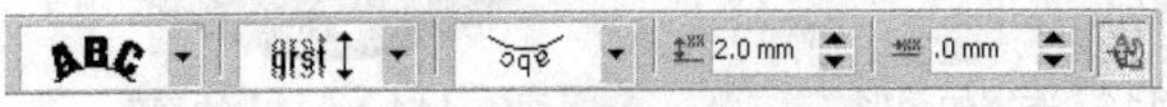
2.0 mm
.0 mm

图8-118 设置的属性参数

中国红十字协会验证满意放心营养产品
中 国 青 岛

图8-119 调整后的文字效果

STEP 14 按 Ctrl+I 组合键，将教学辅助资料中“图库\项目八”目录下名为“双龙海产品商标.cdr”的图形文件导入，取消群组后分别放置到如图 8-120 所示的画面位置。

图8-120 导入的图形放置的位置

包装盒中的主图像设计完成后，下面我们来制作包装盒的平面展开图。

STEP 15 利用 ▢ 工具和 ✎ 工具，根据包装盒的结构绘制并调整出平面展开效果图中的各个面，然后分别填充上白色，如图 8-121 所示。

STEP 16 利用移动复制、镜像、旋转和调整图形大小等操作，在绘制的平面展开图中的各个面中移动复制出如图 8-122 所示的图形。

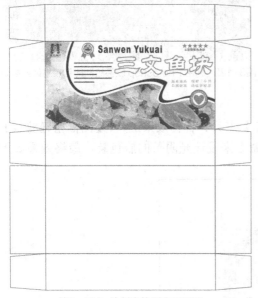

图8-121 绘制出的平面展开图

图8-122 移动复制出的图形

STEP 17 利用 ▢ 工具和 字 工具，在包装盒下方绘制矩形并输入文字，然后将教学辅助资料中"图库\项目八"目录下名为"卫生标志.cdr"的图形文件导入。

输入的文字及卫生标志放置的位置如图 8-123 所示。

图8-123 输入的文字及卫生标志放置的位置

至此三文鱼块包装设计完成，整体效果如图 8-124 所示。

如图 8-125 所示为利用 Photoshop 软件绘制的三文鱼块包装立体效果图，读者可以打开教学辅助资料中"作品\项目八"目录下名为"三文鱼块立体包装.jpg"的图片文件，进行参考学习。

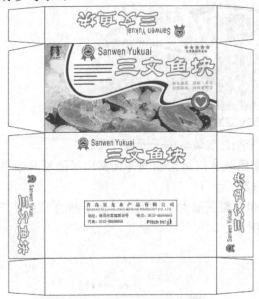

图8-124 设计完成的三文鱼块包装

图8-125 利用 Photoshop 软件绘制的包装立体效果图

实训二 饮料瓶包装设计

要求：综合运用基本绘图工具、【渐变填充】工具、各种效果工具、【图框精确剪裁】命令、【转换为位图】命令及【高斯式模糊】命令来设计光阴茶的瓶包装，最终效果如图 8-126 所示。

图8-126 设计完成的光阴茶包装

【步骤解析】

STEP 1 新建一个图形文件，然后利用 ▢ 工具根据包装的尺寸绘制矩形。属性栏中 ⟷ 240.0 mm ⟷ 120.0 mm 选项的参数分别为"240.0mm"和"120.0mm"。

STEP 2 饮料瓶主体图形的制作过程示意图如图 8-127 所示。

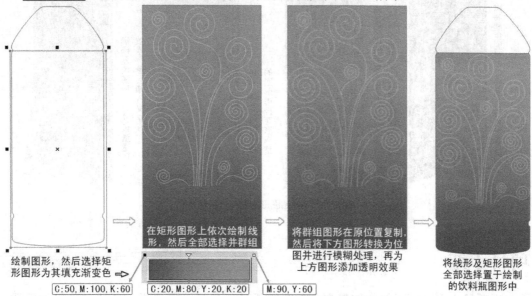

绘制图形，然后选择矩形图形为其填充渐变色

C:50, M:100, K:60　　C:20, M:80, Y:20, K:20　　M:90, Y:60

在矩形图形上依次绘制线形，然后全部选择并群组

将群组图形在原位置复制，然后将下方图形转换为位图并进行模糊处理，再为上方图形添加透明效果

将线形及矩形图形全部选择置于绘制的饮料瓶图形中

图8-127　饮料瓶主体图形的绘制过程示意图

STEP 3 茶碗图形的制作过程示意图如图 8-128 所示。

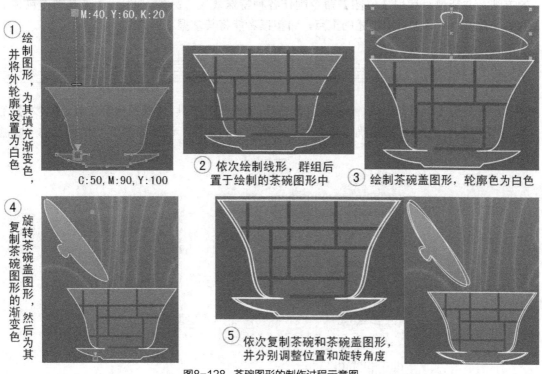

① 绘制图形，并将外轮廓设置为白色，为其填充渐变色，　M:40, Y:60, K:20　C:50, M:90, Y:100

② 依次绘制线形，群组后置于绘制的茶碗图形中

③ 绘制茶碗盖图形，轮廓色为白色

④ 旋转复制茶碗盖图形的渐变色，然后为其

⑤ 依次复制茶碗和茶碗盖图形，并分别调整位置和旋转角度

图8-128　茶碗图形的制作过程示意图

STEP 4 标贴图形的制作过程示意图如图 8-129 所示。

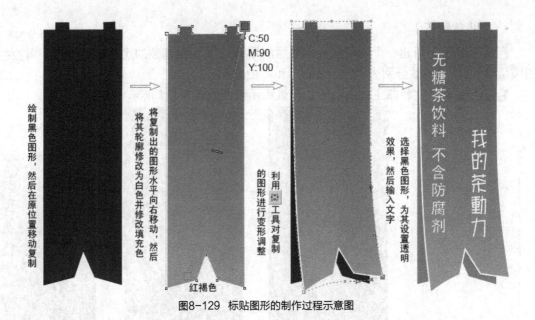

图8-129 标贴图形的制作过程示意图

图中文字（从右至左竖排）：

绘制黑色图形，然后在原位置移动复制

将复制出的图形水平向右移动，然后将其轮廓修改为白色并修改填充色

红褐色

C:50 M:90 Y:100

利用工具对复制的图形进行变形调整

选择黑色图形，为其设置透明效果，然后输入文字

无糖茶饮料 不含防腐剂

我的茶动力

项目小结

本项目主要介绍了两个比较典型的包装设计，包括"好味道"薯片包装袋效果图及"康酿醇"酒包装盒效果图的制作。通过本项目的学习，希望读者掌握矢量图转换为位图的方法，并能熟练运用【位图】命令制作各种特殊效果。另外，利用工具制作包装上的高光效果也是本项目中讲述的重点，希望读者能将其掌握。

思考与练习

1. 利用【矩形】工具、【贝塞尔】工具、【形状】工具、【橡皮擦】工具、【文本】工具、【调和】工具、【图框精确剪裁】命令和移动复制操作，设计如图 8-130 所示的"好滋味"面包包装。

图8-130 设计完成的面包包装效果图

2. 综合运用各种绘图工具及菜单命令，设计如图 8-131 所示的喜糖包装，并利用【添加透视】命令将其制作成图 8-132 所示的立体效果。

图8-131 设计的喜糖包装盒平面展开图

图8-132 制作的喜糖包装盒立体效果图

项目九
产品造型设计

　　产品造型的设计在日常工作中比较常见，在设计时，要注意物体的透视关系，结构比例关系以及物体的质感、光影等的表现方法。只有将关键部位刻画细致，才能绘制出逼真的产品造型。

　　本项目将学习 MP3 产品造型的设计，设计完成的效果如图 9-1 所示。

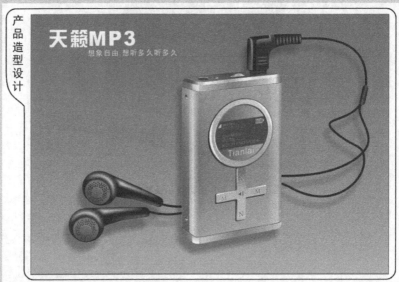

图9-1　设计完成的 MP3 产品造型

知识技能目标

- 了解产品造型的设计方法
- 熟悉利用【交互式填充】工具制作金属质感的方法
- 掌握利用【添加透视】命令制作立体效果的方法
- 熟悉物体质感与光影的表现
- 掌握耳机图形的绘制方法
- 掌握利用【透明度】工具制作阴影效果的方法

任务一　绘制 MP3 的整体造型

本任务主要运用基本绘图工具、【形状】工具和【交互式填充】工具，绘制 MP3 产品的整体图形。

【步骤图解】

MP3 产品整体造型的设计过程示意图如图 9-2 所示。

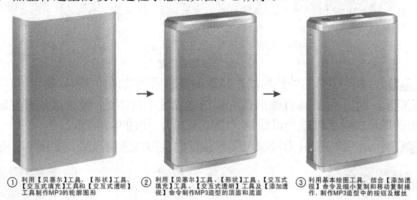

① 利用【贝塞尔】工具、【形状】工具、【交互式填充】工具和【交互式透明】工具制作MP3的轮廓图形

② 利用【贝塞尔】工具、【形状】工具、【交互式填充】工具、【交互式透明】工具及【添加透视】命令制作MP3造型的顶面和底面

③ 利用基本绘图工具，结合【添加透视】命令及缩小复制和移动复制操作，制作MP3造型中的按钮及螺丝

图9-2　整体造型的设计过程示意图

【设计思路】

● 利用【贝塞尔】工具、【形状】工具、【交互式填充】工具和【透明度】工具，制作 MP3 的轮廓图形。

● 利用【贝塞尔】工具、【形状】工具、【交互式填充】工具、【透明度】工具，并结合【创建边界】、【将轮廓转换为对象】和【添加透视】命令，制作 MP3 的顶面和底面。

● 综合运用各种绘图工具，并结合【添加透视】命令及各种复制操作，制作 MP3 造型中的按钮及螺丝。

【步骤解析】

STEP 1　按 Ctrl+N 组合键，新建一个图形文件。

STEP 2　利用 ✎工具和 ✎工具绘制 MP3 前立面和侧面的轮廓图形，如图 9-3 所示，再利用 ✎工具为其从左到右填充默认的黑色和白色，效果如图 9-4 所示。

图9-3　绘制的轮廓图形　　　　图9-4　填充的默认渐变色

STEP 3　单击属性栏左侧的 ▣按钮，弹出【渐变填充】对话框，点选【自定义】单选项，在下面的色块中添加色标，并分别设置色标的颜色，如图 9-5 所示，然后单击 确定 按钮。

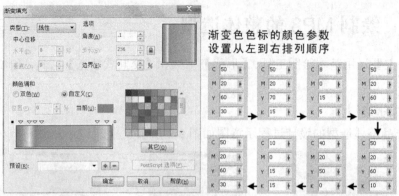

图9-5 渐变颜色设置

STEP 4 去除图形的外轮廓线，修改渐变色后的效果如图 9-6 所示。

STEP 5 利用 工具将图形选中，按键盘数字区中的 ➕ 键在原位置复制图形，然后将复制出的图形的颜色修改为浅绿色（C:10,Y:20），如图 9-7 所示。

STEP 6 利用 工具为浅绿色图形由下向上添加透明效果，如图 9-8 所示。

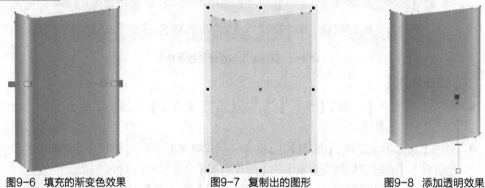

图9-6 填充的渐变色效果　　　　图9-7 复制出的图形　　　　图9-8 添加透明效果

STEP 7 用与步骤 5～步骤 6 相同的方法，先利用 工具将图形选取，再按键盘数字区中的 ➕ 键在原位置复制图形，然后利用 工具调整透明效果的方向和位置，如图 9-9 所示。

STEP 8 选择 工具，在图形的左侧位置绘制如图 9-10 所示的森林绿色（C:40,Y:20,K:60）四边形，然后利用 工具为其由下至上添加透明效果，如图 9-11 所示。

图9-9 调整透明效果　　　　图9-10 绘制的四边形　　　　图9-11 添加透明效果

STEP 9 利用 工具和 工具绘制上方的结构图形，如图 9-12 所示。

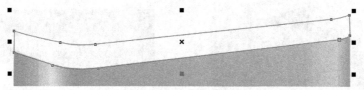

图9-12 绘制的上方结构图形

STEP 10 利用 🖌 工具为绘制的图形填充渐变色。渐变颜色参数及去除外轮廓线后的效果如图 9-13 所示。

图9-13 渐变颜色参数及添加渐变色后的效果

STEP 11 用与步骤9～步骤10相同的方法，绘制如图 9-14 所示的结构图形。

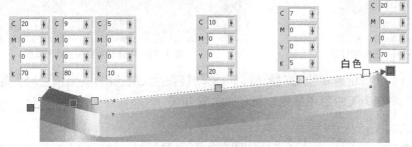

图9-14 绘制出的结构图形

STEP 12 将步骤 11 中绘制的结构图形在原位置复制，并为复制出的图形填充白色，然后利用 🔲 工具为其添加图 9-15 所示的透明效果，以增强质感。

图9-15 白色图形添加透明效果的状态

STEP 13 利用 🖌 工具绘制一个白色图形，再利用 🔲 工具为绘制的图形添加透明效果，如图 9-16 所示。

STEP 14 用与步骤 13 相同的方法，在轮廓图形的下方位置依次绘制如图 9-17 所示的图形。

图9-16　绘制的图形及添加的透明效果

图9-17　绘制的图形

STEP 15 将轮廓图形选中，然后执行【效果】/【创建边界】命令，在选择的图形周围创建新的图形轮廓。

STEP 16 利用 工具将图 9-18 所示的节点选中，然后单击属性栏中的 按钮将选择的曲线分割。注意，将曲线分割后，需要选择单个节点将其移动才可以看出效果。

STEP 17 框选分割的节点并按 Delete 键删除，即将生成边界图形的左侧线形删除。

STEP 18 在边界图形右侧线形的任意位置添加一个节点，然后用与步骤 16～步骤 17 相同的方法将曲线分割并删除，只剩下上、下边线。

STEP 19 选择 工具，将属性栏中 .5 mm 的参数设置为 "0.5 mm"，然后按 Ctrl+K 组合键将曲线拆分为两条单独的线形。

STEP 20 将上方的线形选中，按 Ctrl+Shift+Q 组合键将线形轮廓转换为填充对象，再利用 工具为其填充图 9-19 所示的线性渐变色。

图9-18　选择的节点

图9-19　填充渐变色后的图形效果

知识提示

将轮廓转换为对象后，当移动转换为对象后的图形位置时，原轮廓线将变为无轮廓色的线，仍在原位置存在。

STEP 21 将刚填充了渐变色的图形在原位置复制，然后向上轻微移动位置，再利用 工具为复制出的图形填充图 9-20 所示的线性渐变色。

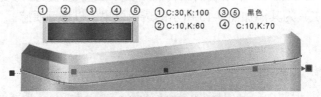

图9-20　为复制出的图形填充渐变色

STEP 22 用与步骤 20～步骤 21 相同的方法，在轮廓图形的下方制作出如图 9-21 所示的图形效果。

图9-21　制作的图形效果

STEP 23 利用 ☐ 工具和 ✎ 工具绘制如图 9-22 所示的黑色圆角矩形。然后利用【效果】/【添加透视】命令，将圆角矩形调整至图 9-23 所示的形态。

图9-22 绘制的圆角矩形　　　　　　　　　　图9-23 调整后的图形形态

STEP 24 利用 ✎ 工具为圆角矩形填充渐变色，效果及参数设置如图 9-24 所示。

图9-24 填充的线性渐变色及参数设置

STEP 25 利用 ○ 工具绘制一个圆形，再利用 ✎ 工具为其填充图 9-25 所示的线性渐变色。

STEP 26 执行【效果】/【添加透视】命令，将圆形调整至图 9-26 所示的形态。

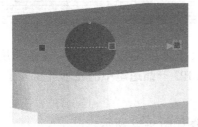

图9-25 填充的渐变色　　　　　　　　　　图9-26 透视变形后的形态

STEP 27 利用 ✎ 工具和 ✎ 工具绘制如图 9-27 所示的图形，然后利用 ✎ 工具为其填充图 9-28 所示的线性渐变色。

图9-27 绘制的图形　　　　　　　　　　图9-28 填充的渐变色

知识提示

　　以上详细介绍了绘制产品造型中各部分图形结构的方法及颜色参数的设置，相信读者已掌握了绘制产品造型的基本方法。在下面的绘制过程中，将不再给出具体的参数，届时读者可参见作品或发挥自己的想象力自行设置。

STEP 28 利用 ✎ 工具、✎ 工具和 ✎ 工具依次绘制并调整出图 9-29 所示的图形。

图9-29 绘制的图形

STEP 29 利用 工具、工具、工具以及等比例缩小复制操作，依次绘制如图 9-30 所示的螺丝钉图形。

STEP 30 将螺丝钉图形全部选中后群组，然后利用移动复制操作及【效果】/【添加透视】命令，依次复制并调整出图 9-31 所示的螺丝钉图形。

图9-30 绘制的螺丝钉图形　　　　　图9-31 复制并调整后的螺丝钉图形

任务二　绘制显示屏和按键

本任务主要运用基本绘图工具、【形状】工具、【交互式填充】工具、【透明度】工具，以及【焊接】命令和【添加透视】命令，绘制 MP3 产品造型中的显示屏和按键。

【步骤图解】

MP3 产品造型中显示屏和按键的设计过程示意图如图 9-32 所示。

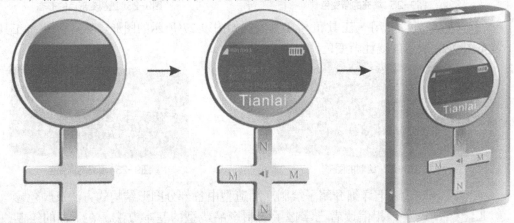

① 利用基本绘图工具，结合【形状】工具、【交互式填充】工具和【交互式透明】工具，制作MP3中的显示屏和按键

② 利用【贝塞尔】工具、【矩形】工具、【文本】工具及移动复制操作，制作显示屏和按键中的文字及图形

③ 将绘制的显示屏及按键移动到MP3轮廓图形中，然后利用【添加透视】命令进行调整

图9-32　显示屏和按键的设计过程示意图

【步骤解析】

STEP 1 接上例。利用工具绘制圆形，然后利用工具为其填充如图 9-33 所示的渐变色。

STEP 2 将圆形缩小复制，调整位置后利用工具为其填充如图 9-34 所示的渐变色。

STEP 3 将圆形再次以中心等比例缩小复制，然后将复制出的图形的轮廓宽度设置为"1 mm"，再利用 🔧 工具为其填充如图 9-35 所示的渐变色。

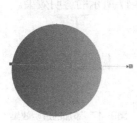

图9-33 绘制的圆形

图9-34 缩小复制出的图形

图9-35 缩小复制出的图形

STEP 4 按 Ctrl+Shift+Q 组合键，将圆形的外轮廓转换为填充对象，然后利用 🔧 工具为轮廓对象填充如图 9-36 所示的渐变色。

STEP 5 利用 🔧 工具和 🔧 工具依次绘制如图 9-37 所示的白色和深蓝色（C:60,M:30,K:60）的无轮廓的图形，注意图形堆叠顺序的调整。

STEP 6 利用 🔧 工具及旋转复制操作，绘制如图 9-38 所示的"十"字图形。

图9-36 填充渐变色后的效果

图9-37 绘制的图形

图9-38 绘制的"十"字图形

STEP 7 继续利用 🔧 工具绘制如图 9-39 所示的白色正方形，注意将其与"十"字图形以中心对齐，然后将属性栏中 ⟳ 45.0 的参数设置为"45.0"，如图 9-40 所示。

STEP 8 将正方形与"十"字形图形全部选中，单击属性栏中的 🔧 按钮，将选择的图形结合为一个整体，如图 9-41 所示。

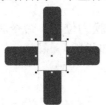

图9-39 绘制的正方形

图9-40 图形旋转后的形态

图9-41 焊接后的图形形态

STEP 9 将焊接后的图形移动到图 9-42 所示的位置，然后按键盘数字区中的 + 键，将结合图形在原位置复制，再利用 🔧 工具为其添加如图 9-43 所示的渐变色。

STEP 10 利用 🔧 工具对复制出的图形进行调整，效果如图 9-44 所示。

图9-42 图形放置的位置

图9-43 为复制出的图形填充的渐变色

图9-44 调整后的图形形态

STEP 11 利用 🔲工具将调整后的图形向右移动到图 9-45 所示的位置。

STEP 12 利用 🔲工具、🔲工具及镜像复制操作，依次绘制如图 9-46 所示的白色和灰色（K:20）的无轮廓的图形，然后利用 🔲工具分别为其添加图 9-47 所示的透明效果。

图9-45 图形放置的位置

图9-46 绘制出的图形

图9-47 添加的透明效果

STEP 13 利用 🔲工具、🔲工具和 字工具及移动复制操作，依次绘制图形并输入文字，如图 9-48 所示。

STEP 14 将显示屏和按键图形全部选中后群组，然后利用【效果】/【添加透视】命令将其调整至图 9-49 所示的透视形态。

图9-48 绘制的图形及输入的文字

图9-49 调整后的图形形态

任务三　绘制耳机并添加背景

本任务主要运用基本绘图工具，并结合各种交互式工具、【转换为位图】命令和【高斯式模糊】命令，绘制 MP3 产品造型中的耳机，并为整体造型添加背景。

【步骤图解】

MP3 产品造型中耳机及背景的设计过程示意图如图 9-50 所示。

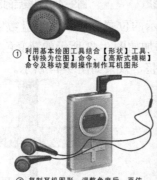

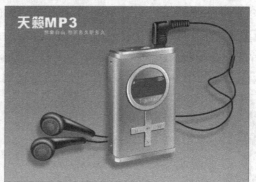

图9-50 耳机及背景的设计过程示意图

【步骤解析】

STEP 1 接上例。利用 ✎ 工具、✎ 工具和 ◯ 工具依次绘制出耳机的听筒图形，然后利用 ◢ 工具为椭圆图形填充图 9-51 所示的射线渐变色。

STEP 2 利用 ✎ 工具和 ✎ 工具绘制灰色（K:30）的"月牙"图形，然后利用 ▣ 工具为其添加交互式轮廓图效果。绘制的图形的轮廓图效果和参数设置如图 9-52 所示。

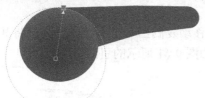

图9-51 绘制的耳机听筒图形

图9-52 绘制的图形的轮廓图效果和参数设置

STEP 3 执行【位图】/【转换为位图】命令，将轮廓图图形转换为位图图像。然后执行【位图】/【模糊】/【高斯式模糊】命令，在弹出的【高斯式模糊】对话框中将【半径】值设置为"7 px"，单击 确定 按钮。生成的效果如图 9-53 所示。

STEP 4 用与步骤 2～步骤 3 相同的方法，制作如图 9-54 所示的高光效果。

图9-53 执行【高斯式模糊】命令后的图形效果

图9-54 制作出的高光效果

STEP 5 利用 ✎ 工具和 ✎ 工具绘制如图 9-55 所示的灰色、无轮廓的图形，将灰色图形转换为位图并为其添加模糊效果，再利用 ☲ 工具为其自左向右添加图 9-56 所示的透明效果，制作出图形的背光区域。

图9-55 绘制的图形

图9-56 制作出的背光区域

下面来绘制耳机听筒上的蜂孔图形。

STEP 6 利用 ◯ 工具及修剪图形操作，依次绘制并调整出图 9-57 所示的图形。

STEP 7 继续利用 ◯ 工具绘制灰色（K:10）的无轮廓的圆形，然后将其在原位置复制，并将复制出的图形的颜色修改为黑色，再移动到图 9-58 所示的位置。

图9-57 绘制的图形

图9-58 复制出的图形调整后的位置

STEP 8 将绘制的灰色和黑色圆形同时选中后群组，并利用移动复制操作，依次复制出图 9-59 所示的蜂孔图形。

STEP 9 将灰色（K:50）椭圆形在原位置复制，然后为复制出的图形填充深灰色（K:90），再按 Shift+PgUp 组合键将其调整到所有图形的前面。

STEP 10 利用 工具为深灰色的椭圆形添加图 9-60 所示的透明效果，制作出听筒图形的背光区域。

STEP 11 将听筒图形全部选中后群组，再移动复制出一个听筒图形，并将其旋转合适的角度，然后利用 工具和 工具依次绘制如图 9-61 所示的引线。

图9-59 复制出的蜂孔图形　　　图9-60 添加的透明效果　　　　　图9-61 绘制的引线

STEP 12 将两条线同时选中，然后按 Shift+PgDn 组合键将其调整至所有图形的后面。

STEP 13 利用 工具绘制倾斜的圆角矩形，再利用 工具为其填充图 9-62 所示的线性渐变色。

STEP 14 利用 工具和 工具依次绘制如图 9-63 所示的线形，然后利用 工具为两条线添加交互式调和效果，如图 9-64 所示。

图9-62 填充的渐变色　　　　　图9-63 绘制的线形　　　　　图9-64 调和后的图形效果

STEP 15 将调和后的线形移动到圆角矩形上，制作图形的纹理效果，如图 9-65 所示。

STEP 16 利用 工具和 工具绘制如图 9-66 所示的黑色图形，作为耳机的插头，然后利用 工具、 工具和 工具及移动复制操作，依次绘制并复制出图 9-67 所示的纹理图形。

图9-65 制作出的纹理效果　　　　图9-66 绘制的图形　　　　图9-67 绘制并复制出的图形

STEP 17 利用【效果】/【图框精确剪裁】/【置于图文框内部】命令，将纹理图形放置到插头图形中，效果如图 9-68 所示。

STEP 18 利用 ✎ 工具、✎ 工具和 ▮ 工具在插头图形的左侧绘制如图 9-69 所示的图形，然后利用 ▯ 工具为其添加图 9-70 所示的透明效果，制作受光区域。

图9-68 置入纹理图形后的图形效果　　　图9-69 绘制的图形　　　图9-70 添加透明后的效果

STEP 19 利用 ✎ 工具和 ✎ 工具在插头图形上再绘制如图 9-71 所示的青灰色（C:10,K:40）、无轮廓的图形，然后利用 ▯ 工具为其添加图 9-72 所示的透明效果。

STEP 20 利用 ✎ 工具和 ✎ 工具及移动复制操作，在插头图形的下方依次绘制出如图 9-73 所示的图形。

图9-71 绘制的图形　　　图9-72 添加透明后的效果　　　图9-73 绘制的图形

STEP 21 继续利用 ✎ 工具、✎ 工具和 ○ 工具在插头图形上依次绘制如图 9-74 所示的高光。然后用与步骤 3 相同的方法，依次将高光图形转换为位图，并为其添加模糊效果。

STEP 22 利用 ✎ 工具、✎ 工具和 ▯ 工具绘制出插头图形的投影效果，如图 9-75 所示。

图9-74 绘制的高光　　　　　　　图9-75 绘制的投影图形

至此，MP3 造型已经绘制完成，整体效果如图 9-76 所示。

STEP 23 将页面方向设置为横向，再双击 ▢ 按钮，添加一个与当前页面相同大小的矩形。

STEP 24 为矩形填充由浅蓝色（C:30,M:20,K:40）到青灰色（C:15,M:5,Y:5,K:15）的线性渐变色。然后按 Shift+PgDn 组合键，将矩形调整到所有图形的后面。

STEP 25 将 MP3 图形全部选中后群组，再将其移动到矩形中并为其添加交互式阴影效果，然后利用 字 工具输入图 9-77 所示的白色文字。

图9-76 绘制完成的 MP3 造型　　　　　　　　图9-77 输入的文字

STEP 26 按 Ctrl+S 组合键，将此文件命名为"MP3.cdr"保存。

项目实训

参考本项目范例任务的操作过程，请读者绘制以下的口红及玻璃瓶的产品造型。

实训一　绘制口红

要求：本任务主要利用【交互式填充】工具，并结合【位图】/【转换为位图】命令来绘制如图 9-78 所示的口红效果。

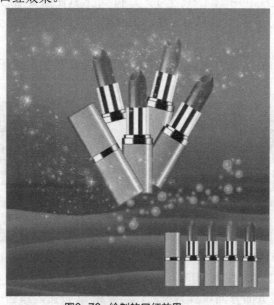

图9-78 绘制的口红效果

【步骤解析】

STEP 1 　　　按 Ctrl + N 组合键，新建一个图形文件。

STEP 2 　　　利用 □ 和 ▲ 工具绘制出如图 9-79 所示的图形，作为口红的膏体。

STEP 3 　　　利用 ◆ 工具为图形填充渐变色，并去除外轮廓，效果如图 9-80 所示，渐变颜色自左向右分别为不同颜色的红色，各颜色参数为（C:50,M:90,Y:80,K:6）、（M:100）、（C:50,M:90,Y:90,K:6）、（C:55,M:90,Y:85,K:10）和（C:45,M:80,Y:75,K2）。

STEP 4 　　　继续利用 □ 工具，绘制出如图 9-81 所示的白色无外轮廓线的矩形。

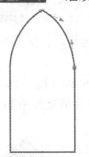

　　图9-79　绘制的图形　　　　　　图9-80　填充渐变色后的效果　　　　　图9-81　绘制的白色矩形

STEP 5 　　　选择 ♀ 工具，为矩形由下至上添加透明效果，如图 9-82 所示。

STEP 6 　　　将添加透明效果的矩形复制，并将复制出的图形调整至如图 9-83 所示的形态及位置，然后将其填充色修改为粉红色（C:5,M:85,Y:15），效果如图 9-84 所示。

图9-82　添加透明后的图形效果　　　图9-83　复制出的图形调整后的形态　　　图9-84　修改填充色后的图形效果

STEP 7 　　　执行【位图】/【转换为位图】命令，在弹出的【转换为位图】对话框中将【分辨率】选项的参数设置为"150"，然后单击 确定 按钮。

STEP 8 　　　执行【位图】/【模糊】/【高斯式模糊】命令，在弹出的【高斯式模糊】对话框中将【半径】的参数设置为"5"像素，单击 确定 按钮，模糊后的图像效果如图 9-85 所示。

STEP 9 　　　将模糊后的图形在垂直方向上缩小，使其下方与口红膏体的下方对齐。

STEP 10 　　　用与步骤 7～步骤 9 相同的方法，将左侧的白色矩形转换为位图后为其添加模糊效果，如图 9-86 所示。

STEP 11 　　　选择 ◈ 工具，绘制出如图 9-87 所示的倾斜椭圆形，然后将其与下方的口红膏体图形同时选择。

图9-85　模糊后的图像效果　　　　　图9-86　模糊后的图像效果　　　　　图9-87　绘制的倾斜椭圆形

STEP 12　　单击属性栏中的 按钮，将选择的图形进行相交运算，相交后的图形形态如图 9-88 所示，然后将椭圆形删除。

STEP 13　　选择 工具，在选择的填充图形中将出现如图 9-89 所示的填充调节柄，通过拖动调节柄来改变图形的填充效果，调整后的调节柄形态及填充效果如图 9-90 所示。

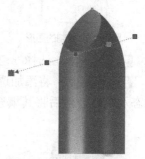

图9-88　相交后的图形形态　　　　　图9-89　出现的填充调节柄　　　　　图9-90　调整后的调节柄形态

STEP 14　　利用 工具和 工具，绘制并调整出如图 9-91 所示的白色无外轮廓线的不规则图形。

STEP 15　　利用【位图】/【转换为位图】命令及【高斯式模糊】命令，将白色不规则图形转换为位图并进行模糊处理，效果如图 9-92 所示。

STEP 16　　利用 工具为白色位图图像由左下角至右上角添加透明效果，如图 9-93 所示。

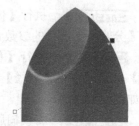

图9-91　绘制的白色不规则图形　　　图9-92　转换为位图后的效果　　　图9-93　添加透明后的效果

接下来来绘制口红的金属管。

STEP 17　　利用 工具，绘制出如图 9-94 所示的矩形，然后利用 工具为其添加如图 9-95 所示的渐变色。

STEP 18　　将图形在垂直方向上缩小并复制，然后将复制出的图形水平对称放大调整，再利用 工具对图形的渐变色进行修改，效果如图 9-96 所示。

图9-94 绘制的矩形

图9-95 填充的渐变色

图9-96 调整后的图形填充效果

STEP 19 利用 ✎工具，将矩形调整为圆角矩形，然后添加黑色的外轮廓，效果如图 9-97 所示。

STEP 20 用移动复制图形的方法，将圆角矩形复制，并将复制出的图形调整至如图 9-98 所示的形态。

图9-97 调整后的图形效果

图9-98 复制出的图形调整后的效果

STEP 21 利用 □工具和 ✎工具，绘制并调整出如图 9-99 所示的圆角矩形，然后利用 ◈工具为其填充如图 9-100 所示的交互式线性渐变色。

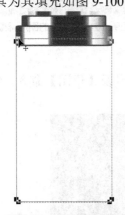

图9-99 制作的圆角矩形

图9-100 填充渐变色后的图形效果

STEP 22 利用 □工具，绘制出如图 9-101 所示的矩形，然后将其与下方的圆角矩形同时选择。

STEP 23 单击属性栏中的 ◻按钮，将选择的图形进行相交运算，然后将矩形删除。

STEP 24 选择相交后生成的图形，然后选择 ◈工具，在选择的填充图形中将出现填充调节柄，通过拖动调节柄来改变图形的填充效果，调整后的调节柄形态及填充效果如图 9-102 所示。

图9-101 绘制的矩形

图9-102 调整后的调节柄形态

STEP 25 至此口红效果绘制完成，然后用相同的方法，依次绘制出如图 9-103 所示的各种口红图形。

STEP 26 按 Ctrl+I 组合键，将教学辅助资料中"图库\项目九"目录下名为"蓝色背景.psd"的图片导入，然后按 Ctrl+U 组合键，将导入图片的群组取消。

STEP 27 将绘制的口红图形放置到图片的右下角位置，再用移动复制和旋转图形的方法，依次将口红图形复制并旋转，然后依次按 Ctrl+PageDown 组合键，将复制出的图形调整至星形图形的下方位置，效果如图 9-104 所示。

图9-103 绘制的口红图形

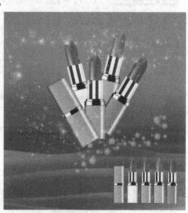

图9-104 复制出的图形调整后的效果

实训二 绘制玻璃瓶造型

要求：灵活运用【交互式填充】工具、【透明度】工具及【位图】命令，绘制出如图 9-105 所示的玻璃瓶造型。

图9-105 绘制的玻璃瓶造型

此例用到的素材图片为教学辅助资料中"图库\项目九"目录下名为"玻璃瓶素材.cdr"的文件。

【步骤解析】

STEP 1 新建图形文件后，利用▢工具和◈工具绘制背景底图，然后依次绘制出如图 9-106 所示的底框架。

STEP 2 利用复制及变形操作对导入的图案进行调整，效果如图 9-107 所示。

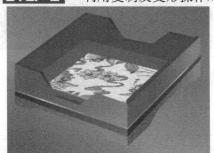

图9-106 绘制的底框架

图9-107 图案调整后的效果

STEP 3 利用◣工具和◈工具依次绘制出如图 9-108 所示的图形，然后利用♀工具分别为图形添加如图 9-109 所示的透明效果。

图9-108 绘制的图形

图9-109 添加的透明效果

STEP 4 依次在玻璃质感的图形上绘制图形并输入文字，效果如图 9-110 所示。

STEP 5 绘制图形并利用♀工具制作透明效果，制作出顶面效果，如图 9-111 所示。

图9-110 绘制的图形及输入的文字

图9-111 制作的顶面效果

STEP 6 用与制作瓶体相同的方法，制作出如图 9-112 所示的瓶盖效果，然后制作出如图 9-113 所示的瓶口效果。

图9-112 制作的瓶盖效果

图9-113 制作的瓶口效果

STEP 7 将导入的标志图形和中国结图形调整至合适的大小后放置到酒包装中的合适位置，然后制作出酒包装的阴影效果即可。

项目小结

本项目主要运用基本绘图工具，并结合【交互式填充】工具、【透明度】工具、【转换为位图】命令及【高斯式模糊】命令设计了 MP3 的产品造型。通过本项目的学习，读者应掌握利用【渐变填充】工具或【交互式填充】工具制作产品造型质感的方法，利用【转换为位图】命令、【高斯式模糊】命令和【透明度】工具表现高光或阴影区域的方法，以及利用【添加透视】命令制作透视图形的方法等。另外，在以后的日常生活中，希望读者能养成细心观察事物的好习惯，只有这样，才能将造型的结构和质感利用 CorelDRAW 更精细、更准确地表现出来。

思考与练习

1. 综合运用各种绘图工具、【轮廓图】工具、【渐变填充】工具、【调和】工具，以及菜单栏中的【排列】/【变换】/【旋转】命令和【排列】/【将轮廓转换为对象】命令，设计出如图 9-114 所示的手表产品造型。

2. 综合运用各种绘图工具及菜单命令，并结合项目实例的制作方法，设计如图 9-115 所示的掌上电脑造型。

图9-114 手表造型设计

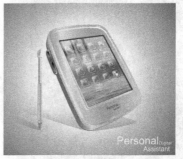

图9-115 设计出的掌上电脑造型

PART 10

项目十
户外媒体广告设计

在繁华的都市街头、公交车站、路边、建筑物墙面等公共场所，随处都可看到户外媒体广告。这种广告是商家宣传自己产品与企业形象非常有效的一种方式。好的户外媒体广告既为城市增添色彩，又易于人们接受，其作用不容忽视。

本项目将为"紫蝴蝶"化妆品设计各种户外广告，包括商场墙面广告和车站灯箱广告等。设计的广告画面及实景效果如图 10-1 所示。

图10-1　设计的户外广告及在实景中的效果

知识技能目标

- 了解户外媒体广告的设计方法及技巧
- 掌握利用【添加透视】命令制作立体效果的方法
- 掌握制作立体字效果的方法
- 掌握各工具按钮及菜单命令的综合运用

任务一　商场户外广告设计

本任务综合运用基本绘图工具、【文本】工具、【导入】命令，并结合移动复制操作来设计化妆品的商场户外广告。

【步骤图解】

商场户外广告的设计过程示意图如图 10-2 所示。

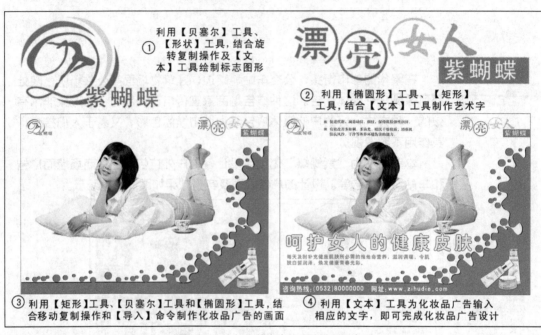

图10-2　商场户外广告的设计过程示意图

【设计思路】

这是一幅女士化妆品户外广告的设计。画面中最突出的是坐在红色椅子上的美女，其动作、表情、肤色都能够给人留下深刻的印象，配上画面中主要位置的"呵护女人的健康皮肤"文字，给人一种悬疑之感，而在画面的右下角可以找到答案，原来是护肤霜化妆品。

（一）　绘制标志图形

【步骤解析】

STEP 1　　按 Ctrl+N 组合键，新建一个图形文件，然后将页面设置为横向。

STEP 2　　利用 ✎工具和 ✎工具，绘制并调整如图 10-3 所示的标志轮廓图形，然后为其填充深碧蓝色（C:60,M:80），并将其外轮廓线去除。

STEP 3　　继续利用 ✎工具和 ✎工具，绘制并调整出如图 10-4 所示的飘带图形，然后为其复制标志轮廓图形的填充色及外轮廓。

图10-3 绘制的标志轮廓图形　　　　　　　　　　图10-4 绘制的飘带图形

STEP 4 　利用 ○.工具及移动复制和修剪操作，制作如图 10-5 所示的绿色（C:100,Y:100）、无轮廓的图形。

STEP 5 　选择 ◣.工具，在绿色图形上再次单击，使其周围出现旋转和扭曲符号，然后将旋转中心移动到标志图形的中心位置。

STEP 6 　将鼠标光标放置到左上角的旋转符号上，按住鼠标左键并向上拖曳，旋转复制图形，状态如图 10-6 所示。至合适位置后，在不释放鼠标左键的情况下单击鼠标右键，将图形旋转复制，如图 10-7 所示。

图10-5 绘制的图形　　　　　图10-6 旋转图形时的状态　　　　图10-7 旋转复制出的图形

STEP 7 　将复制出的图形的颜色修改为黄色（Y:100），然后将其移动至如图 10-8 所示的位置。

STEP 8 　用与步骤 5～步骤 7 相同的方法，再次将黄色图形旋转复制，并将复制出的图形颜色修改为红色（M:100,Y:100），如图 10-9 所示。

图10-8 图形放置的位置　　　　　　　　　　　图10-9 复制出的图形

STEP 9 　选择 字 工具，在标志图形的右下方输入图 10-10 所示的深碧蓝色（C:60,M:80）文字。

STEP 10 　利用 ◻.工具为文字添加白色的外轮廓线，效果如图 10-11 所示。

图10-10　输入的文字　　　　　　　　　　　图10-11　设置轮廓属性后的文字效果

STEP 11　利用○,工具绘制一个轮廓色为红色（M:100,Y:100）、轮廓宽度为"0.83 mm"的圆形，然后用移动复制图形的方法，将圆形移动复制，并将复制出的图形放置到如图 10-12 所示的位置。

STEP 12　单击属性栏中的○按钮，然后将弧形的起始和结束角度分别设置为"0"和"180"，生成的弧线效果如图 10-13 所示。

STEP 13　将弧线的颜色修改为绿色（C:100,Y:100），然后旋转至图 10-14 所示的形态。

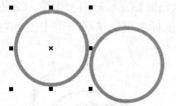
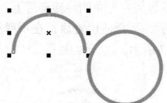
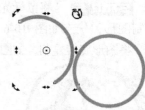

图10-12　复制出的图形放置的位置　　　　图10-13　生成的弧线效果　　　　图10-14　弧线旋转后的形态

STEP 14　用与步骤 11～步骤 13 相同的方法，制作如图 10-15 所示的深黄色（M:20,Y:100）弧线。然后利用字工具输入图 10-16 所示的黑色文字。

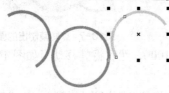

图10-15　制作的弧线　　　　　　　　　　　　图10-16　输入的文字

STEP 15　将图 10-17 所示的"亮"字选中，然后将其字体设置为"汉仪大宋简"。

STEP 16　用与步骤 15 相同的方法，将"女"字的字体修改为"华文新魏"，将"人"字的字体修改为"文鼎 CS 行楷"。修改字体后的文字效果如图 10-18 所示。

图10-17　选择的文字　　　　　　　　　　图10-18　修改字体后的文字效果

STEP 17　按 Ctrl+K 组合键，将文字拆分为单个文字，然后将拆分后的文字分别调整至合适的大小及颜色，分别移动至图 10-19 所示的位置。

STEP 18　选择□工具，在文字的右下方绘制一个洋红色（M:100）的无轮廓的矩形，然后利用字工具在矩形上输入图 10-20 所示的白色文字。

图10-19 文字放置的位置

图10-20 输入的文字

（二） 化妆品广告设计

【步骤解析】

STEP 1 　　接上例。双击 ▢ 工具，创建一个与页面大小相同的矩形。

STEP 2 　　按 Ctrl+I 组合键，将教学辅助资料中"图库\项目十"目录下名为"人物01.psd"的图片文件导入，并按 Ctrl+U 组合键将图像的群组取消。

STEP 3 　　利用 ▷ 工具选择红色背景，按 Delete 键删除，然后将人物图像调整至合适的大小，放置到图 10-21 所示的位置。

STEP 4 　　按 Shift+PgDn 组合键，将人物图片调整到所有图形的后面，然后将前面绘制的标志图形和艺术字分别调整至合适的大小，放置到图 10-22 所示的位置。

图10-21 导入的图片放置的位置

图10-22 标志图形放置的位置

STEP 5 　　利用 ▷ 工具和 ◁ 工具，在画面中绘制并调整出图 10-23 所示的洋红色（M:100）、无外轮廓线的"波浪"图形。

STEP 6 　　按键盘数字区中的 + 键，将波浪图形在原位置复制，并将复制出的图形的颜色修改为黑色，再将其向左上方轻微移动位置，然后按 Ctrl+PgDn 组合键，将其调整至洋红色波浪图形的后面，如图 10-24 所示。

图10-23 绘制的"波浪"图形

图10-24 复制出的图形放置的位置

STEP 7 　　利用 ○ 工具绘制如图 10-25 所示的黑色、无轮廓的圆形，然后用移动复制图形的方法，将圆形向右轻微移动并复制，再将复制出的图形的颜色修改为洋红色（M:100），如图 10-26 所示。

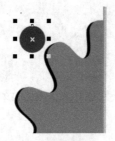

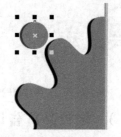

图10-25 绘制的圆形　　　　　　　　　　图10-26 复制的图形修改颜色后的效果

STEP 8 　将两个圆形同时选中后按 Ctrl+G 组合键群组，然后用移动复制和缩放图形的方法，依次复制并调整出图 10-27 所示的圆形。

STEP 9 　按 Ctrl+I 组合键，将教学辅助资料中"图库\项目十"目录下名为"化妆品.psd"的图片导入，然后将其调整至合适的大小，放置到图 10-28 所示的位置。

图10-27 复制出的图形　　　　　　　　　　图10-28 导入的图片放置的位置

STEP 10 　利用 字 工具输入图 10-29 所示的黑色文字，然后选择 工具，弹出【轮廓笔】对话框，设置各选项及参数，如图 10-30 所示。

图10-29 输入的文字　　　　　　　　　　图10-30 【轮廓笔】对话框参数设置

STEP 11 　单击 确定 按钮，设置轮廓属性后的文字效果如图 10-31 所示。

图10-31 设置轮廓属性后的文字效果

STEP 12 　按键盘数字区中的+键，将文字在原位置复制，然后将复制出的文字的颜色修改为黄色（Y:100），轮廓色修改为黑色，轮廓【宽度】修改为"1.1 mm"，效果如图10-32所示。

图10-32　复制出的文字

STEP 13　选择▫工具，在画面的左上角位置绘制两个绿色（C:100,Y:100）、无外轮廓线的矩形，然后利用字工具在画面中依次输入图10-33所示的文字。

图10-33　输入的文字

至此，化妆品广告设计完成，其整体效果如图10-34所示。

STEP 14　按Ctrl+S组合键，将此文件命名为"化妆品广告.cdr"保存。

读者可以将绘制完成的广告画面导出为"JPG-JPEG Bitmaps"格式，然后利用Photoshop打开教学辅助资料中"图库\项目十"目录下名为"墙面.jpg"的图片，进行实际场景效果图绘制，最终效果如图10-35所示。

图10-34　设计完成的化妆品广告

图10-35　放置于实际场景中的广告效果

任务二　车站灯箱广告设计

本任务综合运用各种工具及菜单命令设计车站灯箱广告，设计的画面及在候车亭实景中的应用效果如图10-36所示。

图10-36　设计完成的广告画面及实景效果

【步骤图解】

化妆品车站灯箱广告的设计过程示意图如图 10-37 所示。

① 绘制背景并添加素材图片　　② 添加标志及文字　　③ 制作实景效果

图10-37　化妆品车站灯箱广告的设计过程示意图

【设计思路】

本任务的画面设计是在上一节商场户外广告的基础上进行了修改，上节制作的标志、效果字及部分广告语可直接进行调用。在设计时，仍然选择了美女图片，以给人足够的视觉冲击力。

（一）　设计广告画面

【步骤解析】

STEP 1　　按 Ctrl+N 组合键，新建一个图形文件，然后利用 ▭ 工具绘制矩形。

STEP 2　　为绘制的图形填充渐变色，然后利用 工具对其进行编辑，过程示意图如图 10-38 所示。

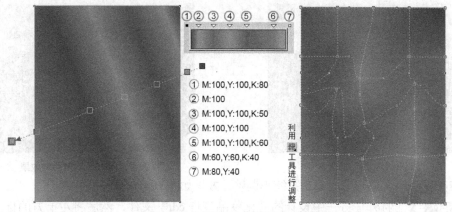

① M:100,Y:100,K:80

② M:100

③ M:100,Y:100,K:50

④ M:100,Y:100

⑤ M:100,Y:100,K:60

⑥ M:60,Y:60,K:40

⑦ M:80,Y:40

利用 工具进行调整

图10-38 广告画面中底图的制作分析图

STEP 3 继续利用 □ 工具绘制矩形，然后为其添加如图 10-39 所示的渐变色。

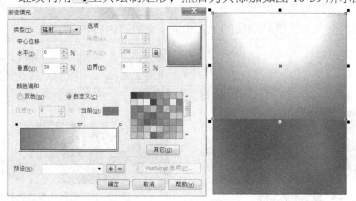

图10-39 填充的渐变色

STEP 4 选择 工具，将鼠标光标移动到小矩形的中心位置，按下鼠标左键并向下拖曳，为其添加如图 10-40 所示的透明效果。

STEP 5 按 Ctrl+I 组合键，将教学辅助资料中"图库\项目十"目录下名为"人物 02.psd"、"水果剖面.psd"和"化妆品.psd"的图片依次导入，并分别调整至合适的大小后，放置到图 10-41 所示的位置。

图10-40 设置的透明效果

图10-41 导入的素材图片

STEP 6 利用 ○ 工具绘制如图 10-42 所示的白色无外轮廓的圆形。

STEP 7 选择 工具，单击属性栏中的 无 按钮，在弹出的列表中选择【辐射】选项，圆形添加透明度后的效果如图 10-43 所示。

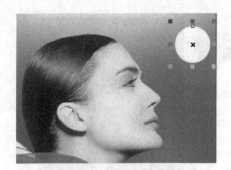

图10-42 绘制的圆形

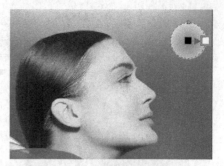

图10-43 添加透明度后的效果

STEP 8　将圆形依次复制并缩小调整，效果如图10-44所示。

STEP 9　打开任务一中设计的"化妆品广告.cdr"文件，然后将左上方的标志图形及右上方的文字组合选择并复制。

STEP 10　切换到新建的文件中，然后按 Ctrl+V 组合键，将复制的图形粘贴到当前页面中，再分别调整大小放置到画面的上方位置，如图10-45所示。

图10-44 复制出的图形

图10-45 粘贴的标志图形及文字组合

STEP 11　利用 字 工具和 工具，在画面的下方依次输入如图 10-46 所示的文字并绘制直线，即可完成灯箱广告画面的设计。

图10-46 输入的文字及绘制的直线

STEP 12　按 Ctrl+S 组合键，将此文件命名为"候车亭广告.cdr"保存。

（二） 制作实景效果

【步骤解析】

下面利用【效果】/【添加透视】命令制作广告画面在候车亭中的应用效果，但由于【添加透视】命令不能对位图或进行网状填充的图形使用，因此首先要进行调整。

STEP 1　按 Ctrl+I 组合键，将教学辅助资料中"图库\项目十"目录下名为"候车亭.jpg"的图片导入。

STEP 2 　将广告画面中的气泡图形全部选择并群组，然后将上方标志、文字及左下方文字全部选择并群组，再将两个群组图形同时选择并移动位置，使其脱离原位置即可，以备后用。此时剩余的图像如图 10-47 所示。

STEP 3 　根据广告画面的大小绘制一个矩形，然后将剩余的图形置于绘制的矩形中，再将群组的文字与矩形对齐，效果如图 10-48 所示。

图10-47　移动群组图形后剩余的图像

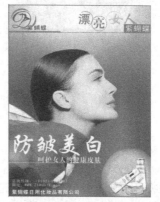

图10-48　群组的文字与矩形对齐后的效果

STEP 4 　将矩形与群组的文字同时选择并群组，然后调整大小并移动到如图 10-49 所示的位置。

STEP 5 　执行【效果】/【添加透视】命令，根据候车亭的白色区域对群组的图形进行透视变形，最终效果如图 10-50 所示。

图10-49　群组图形移动的位置

图10-50　透视变形后的效果

　从上图中可以看出只有群组的文字发生了透视变形，而置于矩形中的位图图像并没有变化，因此需要进一步调整。

STEP 6 　单击属性栏中的 按钮取消群组，然后选择矩形并单击鼠标右键，在弹出的快捷菜单中选择【编辑 PowerClip】命令，再在编辑模式下将图像全部选择，将其透视变形后的矩形调整至如图 10-51 所示的形态。

STEP 7 单击下方的 按钮完成图像的编辑，然后将气泡图形选择并调整至如图 10-52 所示的位置及形态。

图10-51 调整后的图像形态

图10-52 气泡图形调整后的位置及形态

至此将广告画面置于候车亭中的操作就完成了。这种方法虽不精确，但在该软件中对位图进行透视变形的方法只有这种。虽然该软件的【位图】/【三维效果】的子菜单下有【透视】命令，但此命令也只是进行简单的透视调整。如果要制作非常精确的透视变形，建议读者转到 Photoshop 中进行操作，此处只是讲解一种方法。

项目实训

参考本项目范例的操作过程，请读者设计出下面的道旗广告及高炮广告。

实训一 道旗广告设计

要求：综合运用各种绘图工具及【文本】工具设计出如图 10-53 所示的户外广告画面，然后利用【添加透视】命令将其放置到路牌画面中，效果如图 10-54 所示。

图10-53 设计的户外广告画面

图10-54 户外广告在实际路牌中的应用

【步骤解析】

STEP 1 抽象图形的制作过程首先是绘制图形，然后分别为各个区域填充不同的颜色，最后绘制并复制出周围的小矩形。主体颜色块的制作分析图如图 10-55 所示。

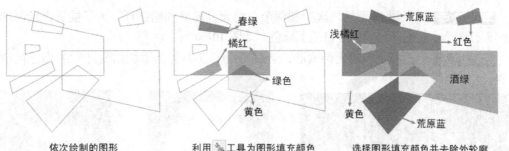

依次绘制的图形　　　　　利用　工具为图形填充颜色　　　　选择图形填充颜色并去除外轮廓

图10-55　抽象图形的制作分析图

STEP 2　户外广告底图的制作分析图如图 10-56 所示。

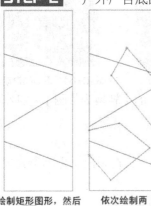   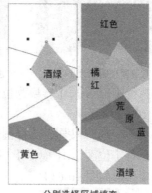 

绘制矩形图形，然后　　依次绘制两　　利用　工具为　　　分别选择区域填充　　绘制并复制
利用　工具分割　　个不规则图形　　图形填充颜色　　　颜色并去除外轮廓　　小矩形图形

图10-56　户外广告底图的制作分析图

STEP 3　按 Ctrl+I 组合键，将教学辅助资料中"图库\项目十"目录下名为"户外广告牌.jpg"的图片导入，然后将设计的户外广告画面分别移动复制并群组，再利用【效果】/【添加透视】命令根据导入的图像对复制的画面进行透视变形，即可完成户外广告设计。

实训二　高炮广告设计

要求：综合运用各种基本绘图工具，结合【透明度】工具、【立体化】工具及【图框精确剪裁】命令，设计如图 10-57 所示的高炮广告。然后置入实景效果中，制作出如图 10-58 所示的实际效果。

图10-57　设计完成的市场招租广告

图10-58　制作的实景效果

【步骤解析】

STEP 1　新建图形文件，利用　工具绘制矩形，然后将其转换为图文框。

STEP 2　转换到编辑内容模式下，将教学辅助资料中"图库\项目十"目录下名为"舞台背景.jpg"的图片导入，然后调整至合适的大小，放置到图 10-59 所示的位置。

STEP 3 利用  工具依次绘制两个白色无外轮廓的椭圆形，为了能看出绘制的白色图形，图示中在椭圆形的下方衬托了绿色，如图 10-60 所示。

STEP 4 选择下方的大椭圆形，然后利用 工具为其添加如图 10-61 所示的透明效果。

 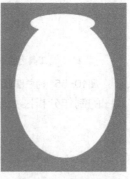 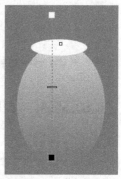

图10-59 舞台背景调整后的大小　　　　图10-60 绘制的椭圆形　　　　图10-61 添加的透明效果

STEP 5 执行【位图】/【转换为位图】命令，在弹出的【转换为位图】对话框中设置选项参数，如图 10-62 所示。

STEP 6 单击 确定 按钮，将椭圆形转换为位图。

STEP 7 执行【位图】/【模糊】/【高斯式模糊】命令，在弹出的【高斯式模糊】对话框中，设置选项参数如图 10-63 所示。

 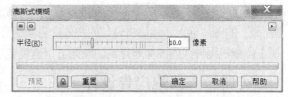

图10-62 【转换为位图】对话框　　　　　　　图10-63 【高斯式模糊】对话框

STEP 8 单击 确定 按钮，即可将图形进行模糊处理。

STEP 9 将小椭圆形及模糊后的图形同时选择，调整大小后放置到画面的上方位置，再依次移动复制，效果如图 10-64 所示。

图10-64 制作的灯光效果

STEP 10 单击下方的 按钮，完成内容的编辑操作。

STEP 11 按 Ctrl+I 组合键，将教学辅助资料中"图库\项目十"目录下名为"礼品.psd"的图片导入，然后按 Ctrl+U 组合键，取消图形的编组，再分别调整各图形的大小及位置，效果如图 10-65 所示。

STEP 12 灵活运用字工具、🖉工具和◎工具，绘制出如图 10-66 所示的文字效果。

图10-65 礼品图形放置的位置　　　　　　　图10-66 制作的效果字

STEP 13 将文字结合为一个整体，然后选择◎工具，并将鼠标光标移动到文字组合上按下稍微向下拖曳，为文字制作为立体效果。

STEP 14 单击属性栏中的💡按钮，在弹出的【灯光】面板中单击💡按钮，添加一个灯光，然后调整灯光 1 的位置及参数如图 10-67 所示。

STEP 15 单击💡按钮，再次添加一个灯光，然后调整灯光 3 的位置及参数如图 10-68 所示。

生成的立体文字效果如图 10-69 所示。

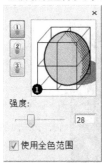

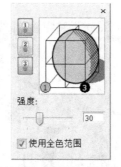

图10-67 设置的灯光 1 位置　　　图10-68 设置的灯光 3 位置　　　　图10-69 制作的立体字效果

STEP 16 将制作的立体文字调整大小后移动到舞台背景图像上，然后向上移动复制一组，并调整文字的颜色为深黄色（M:30,Y:100），效果如图 10-70 所示。

图10-70 复制出的立体文字

STEP 17 为文字组合添加外轮廓，然后利用【排列】/【将轮廓转换为对象】命令，将轮廓转换为对象，再为其添加如图 10-71 所示的渐变色，描边效果如图 10-72 所示。

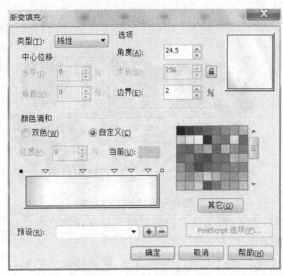

图10-71 设置的渐变颜色　　　　　　　　图10-72 制作的描边效果

STEP 18 利用 工具选择深黄色文字。注意只选择文字，不需要将立体效果一起选择，在选择时，只利用 工具在文字上单击即可。

STEP 19 按数字区中的 键，将选择的文字在原位置复制，然后将复制出文字的颜色修改为黄色（Y:100），如图 10-73 所示。

图10-73 复制出的文字

STEP 20 选择 工具，将鼠标光标移动到黄色文字上按下并向上拖曳，为其添加轮廓图效果。

STEP 21 在属性栏中将轮廓的颜色设置为红色（M:100,Y:100），然后设置其他各项参数如图 10-74 所示。

图10-74 设置的属性参数

设置的文字外轮廓如图 10-75 所示。

STEP 22 按 Ctrl+K 组合键，将轮廓图与文字拆分，然后将轮廓调整至文字组合的下方。

STEP 23 利用 工具及与以上制作立体效果相同的方法，依次制作轮廓图形的立体效果，如图 10-76 所示。

图10-75　制作的轮廓图效果

图10-76　制作的立体效果

STEP 24　利用 字 工具及 🔲 工具，在文字组合右上角的多边形上输入如图 10-77 所示的文字。

STEP 25　利用 工具、 字 工具及 工具，依次在画面的左上方及下方输入文字，即可完成广告的设计，如图 10-78 所示。

图10-77　输入的文字

图10-78　设计完成的广告画面

STEP 26　将绘制完成的广告导出为"JPG-JPEG Bitmaps"格式，然后利用 Photoshop 打开教学辅助资料中"图库\项目十"目录下名为"高炮广告牌.jpg"的图片，进行实际场景效果图绘制，即可完成本实训的练习。

项目小结

　　本项目主要学习了各种户外媒体广告的设计方法。通过本项目的学习，希望读者能掌握设计户外媒体广告的技巧。另外，本例对位图命令进行了介绍，读者要学会举一反三，在实际工作过程中灵活运用其他的位图命令。课下，读者要多做一些不同类型的广告设计，以便能尽快地将学过的知识应用到实际工作中，达到学以致用的目的。

思考与练习

　　1.　利用【矩形】工具、【钢笔】工具、【形状】工具、旋转复制操作及【文本】工具和【导入】命令，设计如图 10-79 所示的餐厅开业广告。然后利用【效果】/【添加透视】命令将其调整至路名牌的广告板中，制作出如图 10-80 所示的实景效果。

图10-79 设计完成的餐厅开业广告　　　　图10-80　制作的路名牌实景效果

2.　利用【导入】命令、【交互式阴影】工具，结合基本绘图工具和【文本】工具，设计如图 10-81 所示的围栏广告。

图10-81　设计的啤酒广告及实景效果